全国高职高专印刷与包装类专业教材

印品整饰及装订技术

潘 杰 主 编
肖 颖 副主编
唐万有 李小东 审

化学工业出版社

·北京·

本书主要介绍《印品整饰工》国家职业标准要求的覆膜、上光、扫金与滴塑、模切与压痕、烫金与折光、压凹凸与压花压纹、糊盒以及装订技术的基本理论，着重讲述各个部分的材料选用、设备调整、工艺过程控制、常见故障及解决方法。糊盒技术是印品整饰中非常重要的一项技术，本书在国内第一次将糊盒技术单独作为一章详细介绍。

　　本书不仅可以作为印刷包装高职高专学生的专用教材，也可以作为社会职业培训和再就业培训包括为企业培训员工、承担农村劳动力转移培训等的教材，还可以作为其他专业人员的参考书。

图书在版编目（CIP）数据

　　印品整饰及装订技术/潘杰主编 . —北京：化学工业出版社，2011.9（2019.9 重印）
　　（全国高职高专印刷与包装类专业教材）
　　ISBN 978-7-122-12011-3

　　Ⅰ.印… Ⅱ.潘… Ⅲ.①印刷品-表面-整饰②印刷品-装订 Ⅳ.TS88

　　中国版本图书馆 CIP 数据核字（2011）第 152516 号

责任编辑：张　彦　　　　　　　　　　文字编辑：薛　维
责任校对：洪雅姝　　　　　　　　　　装帧设计：刘丽华

出版发行：化学工业出版社（北京市东城区青年湖南街 13 号　邮政编码 100011）
印　　装：北京虎彩文化传播有限公司
787mm×1092mm　1/16　印张 11¼　字数 283 千字　2019 年 9 月北京第 1 版第 4 次印刷

购书咨询：010-64518888　　　　　　　售后服务：010-64518899
网　　址：http://www.cip.com.cn
凡购买本书，如有缺损质量问题，本社销售中心负责调换。

定　　价：28.00 元　　　　　　　　　　　　　　版权所有　违者必究

前 言

FOREWORD

　　根据国家印刷工业"十二五"对印后技术的发展规划要求，我们组织了众多相关的高职高专院校专职教师和兼职教师组成编写组共同编写与现代印刷生产技术紧密结合的特色教材《印品整饰及装订技术》。我们按照《印品整饰工》国家职业标准要求，把企业最需要的知识、最关键的技能、最重要的素质提炼出来，同技能考核内容一起融入教材之中，以确保课程建设的质量，确保教材内容能够紧跟社会发展的需要。

　　编写组同时也正在编写《印品整饰工》国家职业培训教程，由于我们最清楚高职高专学生需要掌握的内容，最能够紧扣国家《印品整饰工》职业标准的思想体系，所以能够紧紧围绕《印品整饰工》国家职业标准大纲要求，把真实工作任务组织在教材当中，以满足社会、行业、企业的需要。

　　本书由潘杰主编，肖颖副主编。参加编写的还有：上海出版印刷高等专科学校杨建中、周淑宝、俞中华、葛惊寰；北京印刷学院高职学院郭俊忠；广东轻工职业技术学院刘全忠；四川工商职业技术学院余勇；中山火炬技术学院郑新；东莞理工学院杨玉春；成都电子机械高等专科学校王铁军；武汉信息传播职业技术学院熊伟斌；湖南都市职业技术学院刘畅；江西新闻出版技术学院王雪、赵丽霞。全书最后由潘杰统稿，由唐万有、李小东审稿。

　　本书在编写过程中得到了庞春华、顾满红、李永强、马静君、顾全珍、侯剑波、徐忠柳、田东文、刘武辉、陈新、张壮、李卫、陈小冬等同仁的大力帮助，在此表示衷心的感谢。

　　由于我们学识和水平有限，再加上时间仓促，书中难免疏漏，恳请读者给予批评与指正、包容与支持。

编者
2011 年 6 月

目录

CONTENTS

第一章

总 论

第一节 印品整饰及装订的分类与重要性

一、印品整饰及装订的定义与分类

印后是使印刷品获得所要求的形状和使用性能以及产品分发的后序加工。

印后加工是将印刷品加工成人们所要求的形状和使用性能以及产品分发的后序加工的生产过程。

印后加工包括印品整饰加工、印品功能性加工、装订及产品分发的后序加工。

印品整饰加工是指对印品表面装饰和整理成型加工，是对待加工产品进行上光、覆膜、压凹凸、烫印等表面装饰加工，对待加工产品进行模切压痕、糊盒等整理成型加工。

印品功能性加工是指印刷品是供人们使用的，不同印刷品因其服务对象或使用目的不同，而应具备或加强某方面的功能。如使印刷品有防油、防潮、防磨损、防虫等防护功能。有些印刷品则应具备某种特定功能，如邮票、介绍信等的可撕断，单据、表格等能复写，磁卡具有防伪功能等。

装订是将印张加工成册所需的各种加工工序的总称。包括折页、配页、订书、裁切。

产品分发的后序加工范围比较广泛。如报纸在印刷后只需折页和打包处理；而期刊则增加了订本和裁切作业等。

本书针对的是纸质印品整饰及装订技术。

二、印品整饰的重要性

与印刷术相比，印后加工的历史更为久远，可以追溯到公元前 1600 年的殷商时代，当时甲骨文的龟策装就是我国印后加工工艺的源头。印后工艺不仅拥有源远流长的历史，更代表着现代印刷品的"面子"。印后工艺是印刷的最后工序，它关系到书刊的使用价值、阅读价值、保存价值，同时还关系着印前及印刷。越来越多的印刷企业开始依靠各种印后工艺为印刷品增值。

印刷技术是一个系统工程，主要划分为印前、印刷、印后加工三大工序。三者之间缺一不可。印后加工大部分是印品整饰加工（针对包装产品）及装订（针对出版物）。

当拥有的全新高档扫描仪已被精心地调整，其 CYMK 性能已达到极致；当技术高超的工程师利用最新的色度计把显示器调节至最佳状态，再由 CTP 制版机就可以制作出高质的印版；当把印版装在全新的多色印刷机上，运转的机器就生产出精美的印刷品。

然而此时得到的印刷品还仅仅只是一个半成品，还必须用优良的印品整饰设备对印刷品进行最后的整饰加工，才能把印刷品称为成品。所以优质的精美的印刷产品，应该是在良好的印前技术与印刷技术应用之后，最终在印品整饰技术应用当中得到完美的体现。

印品整饰是保证印刷产品质量并实现增值的重要手段，尤其是包装产品，很多都是通过印品整饰技术来大幅度提高品质并增加其特殊功能的。从某种意义上讲，印品整饰是决定印刷产品成败的关键，如果印刷产品是通过良好印前技术和印刷技术的应用得以实现，则再经过印品整饰技术应用后，印刷产品更加完美；如果印刷产品由于印前或印刷的某些不足，往往也会通过印后加工技术的应用，使印刷产品的缺陷得以弥补而成为完美的印刷品。俗话说人要漂亮需要"三分长相，七分打扮"，说明这个打扮对于人来讲是非常重要的。对于印刷来讲，这个"打扮"就是指的印品整饰，所以印品整饰也是非常重要的。优良的印品整饰方式还可以创造新的产品、引导产品的去向、促进产品的销售、开拓新市场、提高产品的附加值、实现更大的经济效益，还可以……同时经过印品整饰技术应用后的印刷品造型与装饰水平的高低可以直接反映一个国家的经济和工业水平的高低，同时也可以反映一个国家国民艺术素养的高低。

如果印刷品加工过程中，印前与印刷工作做得很完美，但是印品整饰工作却出了问题，那就要全部重来，前面的印前与印刷工作就前功尽弃，承印物和油墨等都浪费了，工时也被耽误了，这样的话损失将是非常大的，从这个意义上讲印品整饰比印前、印刷更为重要。经常会发生由于印品整饰的质量问题而造成印刷品前功尽弃的例子。例如印刷精美的盒（箱）因为模切误差而不能成盒（箱），书芯裁切歪斜不能成书等。

实际上现代印品整饰技术的设备是精密与庞大的、技术是复杂与高深的、工艺是精细与讲究的、人才是复合和全面的，它并不比印前技术、印刷技术逊色，必须加以足够的重视。

印刷品是科学、技术、艺术的综合产品，印刷品能否使读者赏心悦目、爱不释手，除内容外，还视原稿设计的精美、版面安排的生动、色彩调配的鲜艳、装潢加工的典雅与大方等而定，必须赋予印刷品以美的灵感。

现在，人们对印刷品的外观要求越来越高。而满足这一需求的主要途径就是对印刷品进行印品整饰加工，通过对印品表面装饰和整理成型加工的修饰和装潢可以提高印刷产品的档次。印品整饰加工成本的投入，远低于产品附加值、商品促销率、安全便利等使用价值的提高。

印刷品整饰加工技术伴随着印刷工业的发展及高分子材料工业和加工设备的开发而发展。印品整饰与印前、印刷相结合，同适当的色彩、文字、图案等相配合构成均衡的画面，能产生动感和节奏感，形成强烈的视觉效果，给人以美的享受，并可以赋予印刷品以新的功能和新的生命。

印品整饰加工是锦上添花的工艺。通过整饰加工，可提高和改善印刷品的外观效果，起到美化的作用。通过表面整饰加工，印刷品或绚丽多彩，或温文尔雅，或金碧辉煌，或流光溢彩，或变幻莫测，不仅提高了产品附加值，也丰富了印刷品的多样性。

第二节　印品整饰与装订技术的现状和发展方向

一、印品整饰与装订技术的现状

过去往往把印品整饰看成是印前、印刷的延续，只是工厂的一个辅助部门，包装与印刷企业一般都愿意和舍得在印前设备和印刷设备方面有大的投入，而在印后设备方面的投入总显得斤斤计较、比较吝啬或不太愿意和不大舍得。换句话说，在市场经济竞争的浪潮中，人们都在印前、印刷中拼设备、拼技术、拼人才等，很少有拼印后的。印前设备、印刷设备都是国际著名的品牌，印后基本上是国产或合资的设备，如果是台湾地区生产的，那就算不错了；投入的人力也不一样，从事印前的人员配备一般是最好最强的，而从事印后的人员配备却是把一些"老弱病残"的、"零散闲杂"的人员撮合在一起。这样的话，最终的产品质量不可能是最完美的。放眼看当代包装装潢印刷业的发展，印品整饰的变化十分突出，对印刷品的最后美化和成型起着重要的作用，印品整饰已经不能被单纯看作印刷的附属工艺，而成了专业的技术和生产领域，有着大量高新科技的渗透和体现，出现了无数新设备、新技术、新工艺、新产品。

1999 年，我国确定了中国印刷及设备器材工业到 2010 年达到"印前数字、网络化，印刷多色、高效化，印后多样、自动化，器材高质、系列化" 28 字技术发展方针要求，其中就有 7 个字"印后多样、自动化"，是关于印后加工的技术发展要求。

印后多样化是指印刷后序加工（包括印品表面整饰、装订等）采用多种工艺和多种设备来完成。

印后自动化是指广泛采用自动化、连续化的工艺和设备，改变手工和半机械化生产的落后状况，从根本上提高最终产品的质量和生产效率，并力争达到先进国家的一般水平。

目前，我国的印后加工已经达到了以下要求。

① 通过广泛采用多种印品整饰工艺（如紫外上光、压光、覆膜、过胶、上蜡、凹凸压印、烫金、打孔、打号、喷字等），提高印品的光泽性、耐磨性、耐腐蚀性和防水性。

② 通过广泛采用自动化、连续生产水平较高的折页、配页、锁线、平装胶订、无线胶订、骑马订、精装、裁切、打包等设备，提高书刊产品的外观和内在质量。

③ 通过多种包装成型工艺（如模切压痕、烫金、折叠糊盒、开窗、贴面、复合、分切、制袋等），满足迅速增长的包装市场多品种、高质量、短周期的需求。

④ 推广应用胶粘订工艺，开发和完善无线胶订单机和联动机、精装单机和联动线、自动切纸机。

⑤ 开发和广泛应用计算机包装设计应用软件、计算机控制的模切版激光切割机、雕刻机、刀具成型机，着重提高模切精度和模切加工速度。

⑥ 应用和开发高精度、高速度、多功能的印刷与印后联机生产线。使生产线各工序的加工时间节拍相同，形成不间断的运转，就要压缩一些工序的高工时，研究开发新型机电设备，例如改变低速的平压平模切、打孔、压凸方式，应用圆压圆的滚式模切、滚式打孔、滚式压凸方式；改变烘干工序中的低速运行，应用高速热气垫；加大 UV 固化紫外灯的功率和采用 UV 灯高效散热结构等。

⑦ 印后加工设备向着更自动化、深层次的方向发展。对印后装备要求具有一系列的功能，如对加工印刷品的尺寸、色彩以及设备故障等进行实时检测；对各加工工序参数、加工过程图文信息进行实况监视；对加工中的压力、张力、温湿度、计数、对准、排废等进行积极控制等。在设备结构上，进行部件模块化、标准化设计，可实现部件模块快速互换，根据批量、工艺等因素组合不同结构的生产线。这些联机还在不断地更新换代。

⑧ 印后的工艺与材料按照环保、优质、简捷、廉价的思路发展，环保要求排在首位。面对含有化学成分、污染环境的工艺材料，必须寻求满足环保要求的解决方案。如针对上光、覆膜、复合、涂布、印刷、清洗等工艺的污染问题，开发了环保工艺和环保材料，如无溶剂复合（工艺与材料）、预涂覆膜、水性上光、水性印刷油墨等。

随着商品经济的发展和印刷产品的彩色化、高档化、多样化，印刷品印后加工技术将会得到更大的发展，各种特殊的要求和性能也将会得到进一步的满足和完善。

随着计算机和数字化技术的发展，模切压痕技术正走向高速度、高精度、多功能、联机化和数字化的道路。

首先，模压与烫金、凹凸压印相结合的新技术得到了发展，新发展起来的三维立体效果模压技术可以将模切和其他表面整饰技术结合，得到更加个性化的效果。

对模切来说，以印刷机圆压薄型刀模为例，最合适自粘商标的模切，因不必去纸边。塑料要做模切也只有少量才可能，因大量模切其刀模不出一万张就要换新模具。所以，光是时间的损耗就不值得。但是模切机的压力动辄三四百吨，其结构是可耐长期冲击，所以单张纸平印机的模切单元只有从轻量上发展。

烫金，又称烫箔、烫印、电化铝烫印。以金属箔或颜料箔，借助烫印机具有一定温度的膜片版，通过热压特印到印刷品或其他物品表面上，以增饰装饰效果。

新型电雕方法制作出的立体烫印版已在烟酒包装盒的烫印工艺中得到推广。其烫印质量好、精度高，烫印出的图像边缘清晰锐利，表面光泽度高，图案平滑。

上光领域的 UV 上光是一种用紫外线照射来固化涂料的工艺技术。具有空气污染小、固化速度快、上光质量好、成本低、可免除覆膜工艺造成的缺陷（起色、起皱等）和纸张回收的优点。

上光的方式可分为联线印刷上光和离线辊涂上光。上光的材料可分为油性上光油、水性上光油和 UV 上光油三类。

上述上光材料就环保而论，以水性光油和 UV 上光油为优；就成本而论，以油性上光油成本最低；就光泽而论，UV 上光油光泽最高，二次磨光后水性、油性上光油亦均可获高光泽；就耐磨而论，以 UV 上光油最好；就防潮而论，则以油性上光油最好。

光油可单独使用，也可配套使用。为求最佳防潮、耐磨、光泽效果，可采用油性底油和水性底油打底，再加 UV 光油罩面的方式。

UV 上光因其上光质量好、干燥速度快和环保节能等优点已得到广泛应用，环保性能更为突出的水性 UV 上光也处于发展阶段。

覆膜又被人们称为印后过塑、印后裱胶或印后贴膜，指的是用覆膜机在印品表面覆盖一层 0.012～0.020mm 厚的聚丙烯等透明塑料薄膜，并采用黏合剂经加热、加压使之黏合在一起，形成纸塑合一的产品加工技术。

覆膜工艺（具体的覆膜加工工艺流程如图 1-1 所示）从覆膜方式的选择、工艺的准备到正式覆膜，这其中的每一道工序都会影响到覆膜的质量。

印刷品的覆膜前处理 → 涂布黏合剂 → 调试覆膜设备 → 贴塑试验 → 正式覆膜 → 收卷分切

图 1-1 覆膜加工工艺流程

覆膜根据所用工艺的不同主要分为即涂膜和预涂膜两种。覆膜技术正在向着覆膜加工清洁化、覆膜产品易于回收、胶层超薄化、装饰方式多样化、设备多功能化的方向发展。水性覆膜和预涂胶干式覆膜工艺已得到应用。

二、印品整饰与装订技术的发展方向

先进的印前、印刷需与先进的印后加工相配套，方能生产出高质量的印品。

目前，计算机控制技术已发展到相当高的阶段。未来印后加工设备将是机械、光学、电子、电气和控制技术的完美结合，创新、安全、环保和人性化的设计理念将深入设计者头脑之中。为满足绿色、数字、高效印刷技术的推广，未来的印后加工技术和设备必须具备以下特点。

1. 绿色环保化

在未来社会中，人们将越来越重视产品包装的"绿色环保"。因此，对印后加工技术及材料的环保要求也越来越高。无论是水性覆膜的发展及应用，还是 UV 上光和水性 UV 上光逐步取代溶剂型上光，无不体现这一发展趋势。另外，工艺及设备的节能降耗也是环保理念的体现。环保型的油墨、承印材料和上光油等材料的出现及发展，为今后的印后加工技术和设备带来了新的课题，同时也为生产厂商带来了新的商机。

2. 工艺复杂多样化，向高档次发展

目前，我国印后行业归纳起来有以下五个现象。

① 短版活多。由于出版物的品种增多、装帧设计的多样化及不同层次的需求，短版批量加工逐渐增多。

② 无线胶订多。为了适应现代的快节奏，要求出书缩短周期，因此一般平装书均采用无线胶订加工。

③ 异形开本和特殊加工物多。为适应各层次阅读需要，除国家规定的开本尺寸外，异形开本尺寸也不同程度地增多，且出现了许多采用特殊加工方法装订的各式书籍。

④ 新材料品种使用多。装订所用的书籍封面材料、订连材料、黏结材料等都与过去有所不同，品种也越来越多，给设计者及使用者带来了更广泛的选择范围。

⑤ 高质量产品需求增多。现代出版周期越来越短，且质量要求很高，特别是书籍的牢固程度和外观装帧质量都要求有高水平。

经济的发展、观念的转变促进了人们对印品质量要求的提高：不仅要有精美的设计、真实的喷墨印刷，还需有合理的印后加工。因此印刷商为了更好地体现"印刷作为实现服务的一种手段"的理念，便尽可能地使印后加工多样化，包括印后表面整饰多样化、书刊装订多样化和包装成型多样化。其中表面整饰多样化是指通过广泛采用多种印品整饰工艺，如上光、压光、覆膜、过胶、凹凸压印、烫金、打孔、喷字等，提高印品的光泽性、耐磨性、耐腐蚀性和防水性；书刊装订多样化指印刷商利用胶粘订、无线胶订等方式实现印品相应的定位和增值；包装成型加工多样化是指在包装制品的加工中组合多种包装成型工艺，如模切压痕、烫金、折叠糊盒、开窗、复合、分切等，满足迅速增长的包装市场多品种、高质量、短周期的需求。总之，印后加工多样化不仅能有效地实现印品的精美加工，而且很大程度上提高了印刷商的增值服务能力。

3. 印后自动化

印后自动化是指广泛采用自动化、连续化的工艺和设备，逐步改变手工和半机械化生产的落后状况，从根本上提高最终产品的质量和生产效率，并力争达到先进国家的一般水平。在书刊装订方面，通过广泛采用自动化、连续生产水平较高的折页、配页、锁线、装订、裁切、打包等设备，改善工作效率，提高书刊产品的外观和内在质量。在包装成型和表面整饰方面，印刷商应尽量使印刷与印后多种工艺（如上光、模切等）实现有效地联机生产，这样可减少印品下机搬动时间、提高生产效率，也可实现联机中印品精确度的统一，保证印品加工的精确投资采购，此外一定程度上也减少了所需工作人员的数量，节约了人力成本。

印后加工部分的技术改造和自支化技术的应用，可以充分提高产能产益，减少成本。如控制台中数控技术的应用，节省了不少调整时间。

再者，就是 CIP4 的应用，即印前、印刷、印后之间的统一，再加上标准文件格式 JDF 的应用，可以控制工艺变量、提高质量、缩短作业准备时间、提高自动化作业程度。

4. 设备智能化

近年来，数字技术的发展与应用掀起了印刷业的大革命，不仅在印前、印刷工艺中有所体现，在印后加工中也有所反映。印刷设备制造商在关注印前、印刷设备发展的同时，对印后加工设备的重视及智能化的研究投入了前所未有的信心和力量，如海德堡最近在战略调整中明确将印后部门作为一个独立的实体，专职负责印后各项业务的开展。再加上印刷业在CIP4的统领下对工作流程的引入和应用，作为整个工艺中三大工序之一的印后加工没有理由不实现智能化活动，否则将与印前、印刷不协调，相应会降低工作效率，不能保证印品质量要求。所以说，印后加工设备智能化也是印后加工未来的一个发展方向。

智能化印后设备通过智能化系统控制，使工艺流程更加通畅，消除了各工序之间的隔阂。数字装订联动线和精装联动线就是这一特点的体现，集合各工序，缩短循环周期。智能化的设备使工人操作起来更加方便，大大节省劳动力的投入。

另外，设备商正在开发一些符合人机工程学原理的智能加工设备，使员工不需要进行长期培训就能熟练操作。例如，裁切系统操作时间减少，综合效率是单面裁切机的2倍，总体成本降低，操作稳定；调整纸张的设备如堆栈机、撞纸机、收废系统等，也都可以减少操作时间，并提高控制精度。

5. 数字化按需加工

随着数字印刷技术的飞速发展，按需印刷在印前、印刷部分都已实现了印刷内容、印刷方式和印刷结果的多元化。对于书籍、报纸、杂志和小册子等产品，按需印刷同样需要印后加工，这就需要新型加工设备。NexPress是一种新型、可单张起印的数字印刷机，每个要邮寄的印张被印上不同的地址，甚至不同的图案。但这只是一个起步阶段。随着数字印刷的发展，按需加工必将有广阔的发展前景。

总之，未来的印后加工技术会在整个印刷生产过程中发挥越来越大的作用。随着人们所需求的印刷品种类的增加，印后加工工艺的多样化是必然趋势，印后加工设备的设计理念必须不断更新。业内人士普遍认为，包装印刷机械设备制造及其相关领域的发展日新月异，尤其是包装印刷后道设备的更新改进研发，已成为整个行业发展的亮点之一。

复习思考题

1. 为什么说印品整饰及装订很重要？
2. 印品整饰与装订技术的发展方向是什么？

第二章

覆 膜

第一节 概 述

覆膜是将塑料薄膜覆盖于印刷品表面形成纸塑合一印刷品的加工技术，广泛应用于销售包装盒、购物袋、书籍封面、招贴广告等场合。覆膜工艺是将涂有黏合剂的塑料薄膜覆盖在印刷品表面，经加热、加压处理，使印刷品与塑料薄膜紧密结合在一起，成为纸塑合一产品的印后加工技术。覆膜又称贴塑。

一、覆膜的原理

覆膜工艺实际属于复合工艺中的纸塑复合工艺，是一种干式复合。覆膜时，黏合剂涂布装置将胶黏剂均匀地涂在塑料薄膜表面，经干燥装置干燥后，由复合装置对塑料薄膜与印刷品进行热压复合，最后获得纸塑合一的产品，其断面如图 2-1 所示。

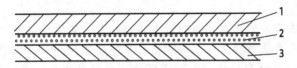

图 2-1 印品覆膜后断面

1—塑料薄膜；2—黏合剂；3—印刷品

覆膜产品的黏合牢度取决于薄膜、印刷品与胶黏剂之间的黏合力，它是胶黏剂分子对薄膜和印刷品表面的扩散和渗透的结果，而温度和压力是获得良好扩散和渗透的重要条件。胶黏剂的黏合力直接影响到覆膜产品的质量，而黏合力主要表现为胶黏剂与被黏物的机械结合力和物理化学结合力。

覆膜通常采用溶剂型黏合剂、水溶型黏合剂和热熔型黏合剂。

覆膜的黏合作用一般有以下几种理论解释。

① 吸附作用。黏合力来自于薄膜、黏合剂、印刷品之间的分子作用力。黏合剂分子借助于热布朗运动向被黏物表面扩散，升温加压有助于热布朗运动加快，当黏合剂与被黏物两种分子间达到很小的距离时，两种分子产生相互吸引作用。

② 静电作用。塑料薄膜、黏合剂、印刷品表面带有电荷，在界面区两侧形成了双电层，其电荷极性相反，产生静电吸引，静电力越强，黏合力越大。

③ 扩散作用。黏合剂扩散结果导致黏合剂和被黏物界面消失，产生过渡区，借助扩散

键形成牢固的黏合。被黏物分子量、分子结构形态、溶解度、黏合接触时间、黏合接触强度、黏合压力等影响扩散作用。选用合适的黏合剂分子量、减少黏合剂与被黏物溶解度之差、延长黏合接触时间、提高黏合剂温度、增加黏合压力都有利于扩散作用，提高黏合强度。

二、覆膜的形式与特点

覆膜工艺按所采用的原料及设备的不同，可分为即涂膜覆膜工艺与预涂膜覆膜工艺。即涂膜覆膜工艺是指在工艺操作时先在薄膜上涂布黏合剂，然后再热压，完成纸塑合一的工艺过程。这种覆膜需要在覆膜设备上安装黏合剂涂布设备，先涂布黏合剂，然后将薄膜与印刷品黏合，最后烘干，完成覆膜。而预涂膜覆膜工艺是将黏合剂先涂布在塑料薄膜上，经烘干收卷后，在无黏合剂装置的设备上进行热压，完成覆膜工艺过程。预涂膜覆膜由于覆膜时省略了黏合剂调配及涂布、烘干等工艺流程，不存在溶剂对薄膜的溶胀和对油墨的分解，不会出现黏合剂二次软化产生失黏和对薄膜溶胀而出现起泡、胶膜问题，对油墨的干燥程度要求也不严格，不需要清洗涂胶机构等部件，具有操作方便、生产灵活、无毒害、不污染环境等优点。

即涂膜覆膜有两种方法：一种是把黏合剂涂布在塑料薄膜表面上，通过压辊与基材（印刷品）黏合在一起，然后烘干或不烘干直接卷取，称为湿式覆膜；另一种是把黏合剂涂布在塑料薄膜上，经烘干除去黏合剂溶剂，然后与基材黏合在一起，称为干式覆膜。

湿式覆膜需要在覆膜设备上安装黏合剂涂布设备，先涂布黏合剂，然后将薄膜与基材黏合，最后烘干，一次性将覆膜工作完成。湿式覆膜工艺操作简单，黏合剂用量少，成本低，覆膜速度快，无溶剂挥发，有利于环境保护。覆膜产品表面不易起泡、起皱。

干式覆膜是先烘干后黏合，在同一台机器上完成黏合剂涂布、烘干、热压合、复卷及割膜工作。干式覆膜工艺操作简单，黏合剂用量少，成本低，覆膜速度快，覆膜质量较好。但有溶剂挥发，污染环境。

预涂膜覆膜是把黏合剂涂布在塑料薄膜上，经烘干、复卷后备用，在无黏合剂涂布装置的覆膜设备上进行热压完成覆膜工作，覆膜设备不需要黏合剂涂布和干燥装置。预涂膜覆膜操作方便，生产灵活，无溶剂气味，不污染环境，劳动条件好，这种覆膜方法不会产生气泡、脱层等故障，表面透明度高，极具应用前景和推广价值。

三、覆膜的应用与发展

纸张进行图文印刷后，由于纸张纤维的作用，印刷品表面的光亮度、耐磨度、抗水性、耐光耐晒性以及防污染性均较差，虽然油墨层具有一定的光亮度和抗水性，但效果仍不理想。

在印刷品表面覆盖一层透明塑料薄膜，能起到保护和增加印刷品光泽的作用，还可使图文的颜色更鲜艳，更富有立体感的视觉艺术效果，改善耐磨强度、防水、防污、耐光、耐热等性能，极大地提高书刊封面和其他覆膜商品的艺术效果和耐用强度，对保护包装装潢印刷效果、延长货品寿命、提高商品的竞争能力作用十分显著。

覆膜是印刷品表面整饰加工技术之一，覆膜技术广泛应用于书刊封面、包装盒面特别是高级包装盒面、精美画册、挂历、台历、印刷宣传品、各种说明书的表面整饰以及各种纸制包装制品的表面装潢处理。

覆膜技术应用广泛，成本较低，对于增强印刷品的光亮度和提高印刷品的耐用强度效果明显，发展前景良好。特别是预涂膜覆膜技术更具有应用前景和推广价值。

第二节　覆膜材料的选用

覆膜材料主要包括黏合剂、塑料薄膜和纸张。覆膜材料品种较多，其特点和性能、用途各异。要根据工艺条件和特点、性能进行合理选择，才能生产出合格的产品。

一、黏合剂

黏合剂是用来把两个同类或不同类的物体，由于黏附和内聚等作用而牢固连接在一起的物质。黏合剂种类很多，这里主要讲述覆膜常用黏合剂。

（一）黏合剂的组成和性质

1. 黏合物质

黏合物质也称基料、黏料，是黏合剂的主体材料，起黏合作用的物质。黏合物质有天然物质、有机物和无机物，也有人工合成物质。通常覆膜用黏合剂黏合物质有以下几种。

① 合成树脂。它是黏合剂中性能最好、用量最多的黏合物质，包括热固性树脂、热塑性树脂、热塑性弹性体等。

② 合成橡胶。用作黏合剂的合成橡胶有氯丁橡胶、丁腈橡胶、丁苯橡胶等。

③ 天然高分子物质。主要有淀粉、蛋白质、皮胶、明胶、松香、天然橡胶等。

④ 无机化合物。无机化合物配制的黏合剂有独特的耐高温性能，包括硅酸盐、磷酸盐、硼酸盐、硝酸盐等。

2. 溶剂

溶剂是溶解黏合物质、调节黏合剂浓度的液体。

溶剂的主要作用是降低和调节黏合剂的黏度，便于涂布；增加黏合剂对被黏物的渗透能力；降低表面张力；增加润湿性；提高流变性，使黏合剂涂布均匀。

选择溶剂时，应考虑溶剂的挥发速度。如果溶剂挥发太快，胶层表面迅速干燥，会形成封闭的表面，胶层内部溶剂不易挥发出来，看似干燥实为假干，胶层固化时还会产生气泡；如果溶剂挥发太慢，黏合作业速度慢，容易造成溶剂残留，残留溶剂影响黏合强度。选择溶剂时一般要选择挥发速度适当或快慢混合的溶剂（见表 2-1）。

表 2-1　常用溶剂性质

分类	名称	沸点/℃	比蒸发速度（乙酸丁酯100）	相对密度	闪点/℃
醇类	甲醇	64.5	370	0.792	−11
	乙醇	78.2	203	0.791	12
	异丙醇	82.5	205	0.786	21
	正丁醇	117.1	45	0.811	37.8
酯类	乙酸甲酯	57.2	1040	0.935	−10
	乙酸乙酯	77.1	525	0.902	−4
	乙酸丁酯	125.5	100	0.876	22

3. 黏合剂辅助材料

黏合剂辅助材料是黏合剂中为改善黏合剂黏合物质的性能或便于涂布而加入的物质。

常用的黏合剂辅助材料有增黏剂、增塑剂、固化剂、填料、增韧剂、稀释剂、防腐剂、消泡剂等。

(二) 覆膜常用黏合剂

覆膜常用黏合剂有溶剂型、醇溶性、水溶性和无溶剂型等。

溶剂型黏合剂主要有 EVA（乙烯-醋酸乙烯共聚物）树脂类、丙烯酸酯类、聚氨酯类、丁苯橡胶类、异丁烯橡胶类等。

醇溶性黏合剂主要有丙烯酸酯类、聚氨酯类、聚酯类等。

水溶性黏合剂主要有 EVA 树脂类、丙烯酸酯类、聚氨酯类等。

无溶剂型黏合剂主要是热熔胶类黏合剂。

1. 干式覆膜用黏合剂

干式覆膜广泛使用热固型黏合剂，如环氧树脂和聚氨酯类黏合剂。热塑型黏合剂中的聚醋酸乙烯和聚氯乙烯树脂也可以用于干式覆膜，但不常用。溶剂型黏合剂都可以用于干式覆膜。热固型黏合剂柔软、耐热、黏合力大。

聚氨酯黏合剂以聚氨基甲酸酯为主要成分，具有良好的黏合力，既可在室温下硬化，也可以加热硬化，起始黏合力高，胶层柔软。剥离强度、抗弯强度、抗扭和耐冲击等性能良好。耐冷水、耐油、耐稀酸和耐磨性也较好，符合卫生要求。

聚氨酯黏合剂主剂与固化剂以 100：(1~15) 的比例配备，再用醋酸乙酯稀释至固体含量为 15％～25％时，便可以进行涂布覆膜。

黏合剂热固型树脂主要有酚醛树脂、间苯二酚-甲醛树脂、环氧树脂、聚氨酯树脂、聚醛树脂、三聚氰胺甲醛树脂、有机硅树脂等。

2. 湿式覆膜用黏合剂

湿式覆膜采用水溶性黏合剂，这些黏合剂主要有：酪朊树脂-丁腈乳胶、聚乙烯醇、硅酸钠、淀粉、聚醋酸乙烯、乙烯-醋酸乙烯共聚物（EVA）、聚丙烯酸酯、天然树脂、聚氨酯树脂、聚酯树脂、丙烯酸酯等。

水溶型黏合剂可以以水为介质，均匀地涂布在塑料薄膜上，具有无毒、无公害、无污染、不燃、成本低等特点，对于保护环境、保障操作工人身体健康、保证产品质量、降低成本都有重要意义。

橡胶树脂型和丙烯酸酯型黏合剂在国内较为常用。水溶性和醇、水混合型黏合剂由于在环保和质量方面具有一定优势，很有发展前途。

3. 预涂膜黏合剂

预涂膜黏合剂是把黏合剂预先涂布到塑料薄膜上，使之成为一种新的复合材料。

预涂膜覆膜可以采用溶剂型黏合剂，但溶剂型黏合剂涂布到塑料薄膜上在烘道中烘干以后，黏合剂在薄膜表面形成一层胶膜，胶膜内部的溶剂可能来不及挥发出来就被包容起来，形成"假干"现象，影响预涂膜使用。

目前预涂膜覆膜采用热熔型黏合剂，不用溶剂。热熔型黏合剂通常在室温下呈固态，加热熔融成液态。热熔型黏合剂是以热塑性聚合物为基体的多成分混合物，具有固化快、污染低、使用方便、用途广、生产效率高、节能等特点。热熔胶预涂膜广泛用于书籍、图表、广告、包装盒等印后加工。

预涂膜用热熔胶主要有以下几种。

① 乙烯-醋酸乙烯共聚树脂（EVA）。这类热熔胶用量最大，应用最广泛，具有良好的黏结性、柔韧性和低温性。

② 聚乙烯类。这类热熔胶价格低，易黏接多孔性表面。

③ 无规聚丙烯类。这类热熔胶黏合性好，与其他组分相容性好。

④ 聚酯类。这类热熔胶具有优良的耐热、耐寒性能，热稳定性、黏结性等性能好。

⑤ 水溶性热熔胶。这类热熔胶对再生物处理较方便，有利于环保。水溶性热熔胶的基体树脂主要有聚醋酸乙烯、聚乙烯醇、乙烯-醋酸乙烯共聚物、聚环氧乙烷及其接枝共聚物、醋酸乙烯-丁烯酸、醋酸乙烯-乙烯基吡咯烷酮共聚物等。

此外还有乙烯-丙烯酸共聚树脂类热熔胶、乙烯-醋酸乙烯-乙烯醇三元共聚树脂类热熔胶、聚酰胺热熔胶、反应型热熔胶、再湿型热熔胶、热熔压敏胶等。

（三）黏合剂对覆膜质量的影响

覆膜产品要求黏合牢固、表面干净、平整、光洁度好，无起泡、起皱、卷曲，无亏膜、出膜等现象。黏合剂也是影响覆膜质量的因素之一。

（四）黏合剂对覆膜产品黏合强度的影响

黏合剂本身黏合力，黏合剂同薄膜、纸及油墨的亲和性，黏合剂的胶层状况都会对产品的黏合强度产生影响。

1. 黏合剂的黏合力对强度的影响

一般情况下，黏合剂分子量越高，黏合强度越大；增黏剂能增强黏合剂的黏合力；辅助材料如防老化剂、稳定剂、抗氧化剂等可以延长黏合寿命。

2. 黏合剂与薄膜亲和性对强度的影响

有些薄膜本身结构不具有活性，属非极性物质，表面张力值偏小，不易被黏合剂润湿。电晕处理的薄膜可以使黏合剂分子对其进行更好的润湿和渗透，有利于黏合剂均匀涂布。表面张力较低的黏合剂润湿性好，易于涂布，可在黏合剂中加入少量表面活性剂（一般为 0.1%～0.25%）。润湿性好的黏合剂黏合强度高。

3. 黏合剂与纸的亲和性对强度的影响

表面平整度差的纸张，黏合剂涂布不均匀，胶层与纸面为点接触，覆膜强度差；表面平整度好的纸张，黏合剂涂布均匀，胶层与纸面为面接触，覆膜强度高。

4. 黏合剂与油墨的亲和性对强度的影响

油墨层与黏合剂的亲和性比纸、膜复杂得多。油墨颗粒大，与黏合剂亲和力小，容易剥离，如金、银墨；纸面平整度不好的印刷品，油墨层也随之高低不平，黏合剂与油墨层黏合力差；油墨层表面光滑度高或发生晶化，不利于黏合剂与油墨层的黏合；油墨层面积大，由于黏合剂与油墨的亲和性比纸差，黏合强度也差，对于亲和力差的表面可适当加大黏合剂厚度。

5. 黏合层厚度对强度的影响

一般来说，当黏合剂黏度一定时，胶层厚，黏合力强。但胶层太厚时，黏合剂中的有机溶剂挥发慢，残存在胶层中，产生气泡，降低黏合强度。需要厚胶层时，可适当提高黏合剂浓度。一般覆膜中，胶层厚度为 $5\sim8\mu m$。纸面较平整、图面少、墨层薄，胶层可稍薄一些。

（五）黏合剂对覆膜产品起泡的影响

覆膜产品起泡，若生产当时未发觉，放置一段时间后才发现，则很难采取措施补救。黏合剂对覆膜产品起泡有很大影响。

1. 胶层中残余溶剂过多

胶层中有过多残余溶剂没有挥发，会侵蚀薄膜，使薄膜逐渐与胶层分离，形成起泡。残余溶剂越多，起泡现象越严重。胶层太厚、胶液太稀、机速太快、烘道热风不均匀、烘道温度不够、胶液调配不均匀、局部漏胶等都是造成残余溶剂不能挥发的原因。胶层过厚、胶液太稀、机速太快、烘道温度太低造成覆膜产品整体起泡，其他原因引起局部起泡。

2. 黏合剂抗温性能差

抗温性能差的黏合剂覆膜后的产品放进烘箱中就会起泡，这类黏合剂在较高温度下失去黏合力，使薄膜与印刷品脱离。目前使用的大多数树脂耐温性能都很好。

二、覆膜用塑料薄膜

塑料是以合成的或天然的高分子化合物为基本成分，加入适当辅料，在加工过程中塑制成型。在常温下不变形的可塑性材料，通常由合成树脂、增塑剂、稳定剂、填料、染料组成。塑料薄膜一般具有透明、柔软、质轻、强度大、无嗅、无味、气密性好、防潮、防水、耐热、耐寒、耐油脂、耐腐蚀等特点。由于塑料薄膜具有良好的特性，故已成为覆膜工艺中不可替代的覆膜材料。

（一）覆膜用塑料薄膜的性能要求

1. 厚度

薄膜的厚度直接关系到透光度、折光度、覆膜牢度、机械强度等方面，覆膜用塑料薄膜的厚度一般在 0.01～0.02mm 之间较为合适。国内覆膜用塑料薄膜有 15μm、18μm 和 20μm 几种厚度，而国外 10μm 厚的塑料薄膜较普遍。较薄的塑料薄膜覆膜效果要好一些，但太薄的塑料薄膜制造困难，机械强度较差。

2. 表面张力

用于覆膜的塑料薄膜必须经过电晕处理，电晕处理后的表面张力应达到 40mN/m，使其具有较好的润湿性和黏合性能。

3. 透明度和色泽

用于覆膜的塑料薄膜透明度越高越好，以保证被覆盖的印刷品有最佳的清晰度。

4. 耐光性

耐光性是指塑料薄膜在光线长时间照射下变色的程度。用于覆膜的塑料薄膜应具有良好的耐光性，使其经过长期使用和存放不受光照影响，仍然透明如故。

5. 机械性能

塑料薄膜在覆膜中要经受机械力的作用，因此，必须使薄膜具有较高的机械强度和柔韧特性。塑料薄膜的机械强度主要用抗张强度、断裂延伸率、弹性模数、冲击强度和耐折次数等技术指标表示。

6. 尺寸稳定性

塑料薄膜的几何尺寸不稳定，伸缩率过大，不但覆膜操作时会出现麻烦，而且还会使产品产生皱纹、卷曲等质量问题。因此，塑料薄膜的几何尺寸要求要稳定。表示几何尺寸稳定性的技术指标有吸湿膨胀系数、热膨胀系数、热变形温度和抗寒性等。

7. 化学稳定性

在覆膜过程中，塑料薄膜要和一些溶剂、黏合剂及印刷品油墨层接触，因此，要求薄膜必须具有一定的化学稳定性而不受化学物质的影响。

8. 外观

覆膜用塑料薄膜表面要平整，无凹凸不平及皱纹，这样可以使黏合剂涂布均匀，提高覆膜质量。同时要求薄膜本身无气泡、缩孔、针孔、麻点等，膜面清洁，无灰尘、杂质、油脂等。

9. 其他

塑料薄膜还需要厚薄均匀，横、纵向厚度偏差小；另外，复卷要整齐，两端松紧要一致。

(二) 覆膜常用塑料薄膜的种类

塑料薄膜的种类繁多，常用于覆膜的塑料薄膜主要有聚乙烯薄膜、聚丙烯薄膜、聚酯薄膜及新型双向拉伸聚丙烯薄膜，其中最常用的是新型双向拉伸聚丙烯薄膜。

1. 聚乙烯薄膜

聚乙烯简称PE。聚乙烯薄膜一般用挤塑（成型）法或压延法生产。PE薄膜无色、无味、透明、无毒，水及化学品对它不发生影响，在常温下不溶于大部分溶剂。聚乙烯是惰性材料，很难进行黏合，故在覆膜前必须进行电晕等表面处理。PE薄膜根据其密度大小可分为低密度聚乙烯、中密度聚乙烯和高密度聚乙烯。

2. 聚丙烯薄膜

聚丙烯简称PP，聚丙烯薄膜按制法、性能和用途可分为吹塑型薄膜（IPP）、不拉伸的T型机头平膜（CPP）和双向拉伸薄膜（BOPP）。其中BOPP薄膜由于拉伸分子定向，机械强度、对折强度、韧性、气密性、防潮阻隔性、耐寒性、耐热性和透明度等都很优良，并且无毒无味，是覆膜应用最广泛的薄膜材料。

由于BOPP薄膜属非极性物质，使用前必须经电晕处理，以达到所需表面张力的要求。BOPP薄膜贮存时间越长，电晕处理效果越差，黏合牢度也越差。时间过长，则需要重新进行电晕处理。

3. 聚酯薄膜

聚酯简称PET。聚酯薄膜是一种透明度和光泽度都很好的薄膜材料。同时它具有以下特点。

① 机械强度大，其拉伸强度大约是聚乙烯的5～10倍，还具有挺度高和耐冲击力强等优点。

② 耐热性好，熔点在260℃，软化点在230～240℃，在高温下收缩仍然很小，具有非常好的尺寸稳定性，在高温下长时间加热仍不影响其性能。

③ 耐油性、耐酸性好，不易溶解，有很好的耐酸性腐蚀力，能耐有机溶剂、油脂类的侵蚀，但在接触强碱时易劣化。

④ 有良好的气体阻隔性和良好的异味阻隔性。

⑤ 透明度好，透光率在90%以上。

⑥ 对水蒸气的阻隔性能不及聚乙烯和聚丙烯。

⑦ 防止紫外线透过性较差。

⑧ 带静电高，印刷前应进行静电消除处理。

用于覆膜的聚酯薄膜也是双向拉伸的PET薄膜。

(三) 覆膜用塑料薄膜的保存

覆膜用塑料薄膜的保存方法同样影响着覆膜质量。塑料薄膜一般为卷筒状，其保存应注意的事项有以下几方面。

① 防止物理性破坏、损伤。由于塑料薄膜很薄，若表面出现损伤，会造成数层或几处的损伤。

② 要防干、防潮、防尘。干燥及吸湿对塑料薄膜都是不利的，因此，要求薄膜保存场所要注意通风，防干燥、防潮湿，同时还应防止空气中的灰尘污染膜面。保存时最好用聚乙烯或其他材料将塑料薄膜包裹起来，这样可以防潮、防尘。另外，保存期间还应避免直射光线的暴晒。

③ 应按期使用。覆膜用塑料薄膜都是经过表面处理的，超过保存期限或在一定的时间内表面处理结果会失效，这样就失去了预处理的作用，同时薄膜强度也会劣化。此外，薄膜中加入了一些辅助剂，这样薄膜经过一段时间的存放，部分辅助剂会从膜中渗出，向表面迁移，在膜面形成光滑的油层而降低表面张力，超过半年表面张力值会显著下降。因此，薄膜不宜存放太久。

（四）覆膜用塑料薄膜表面处理

覆膜用塑料薄膜表面要进行处理，使膜面氧化，提高膜面自由能，增加有机溶剂及黏合剂对膜面的黏附能力和润湿能力。经过表面处理的薄膜变为极性结构，表面张力增加，吸附能力增加，助剂影响减小，容易被黏合剂浸润，使黏合剂与薄膜有良好的接触。

覆膜用塑料薄膜常用的表面处理方法有化学氧化法、火焰处理法、光学处理法和电晕放电处理法。塑料薄膜表面处理使用最广泛的方法是电晕放电处理法。

电晕放电处理法也称电晕处理法，是利用电子冲击和电火花进行处理，这种方法采用高频或中频电源，在两极间产生一种电晕放电现象，将塑料薄膜在两个平板电极之间通过，电场正负离子分别向阴极和阳极移动，形成电流，穿过而并未击破薄膜。

通过放电使两极间氧气电离，产生臭氧，促使塑料薄膜表面氧化而增加其极性。同时，电火花又会使材料表面产生大量微细的孔穴，表面能增加，加大了表面活性及机械连接性能，有利于薄膜的黏合。电晕处理方法比较理想，具有处理时间短、速度快、无污染等优点。

中频（20kHz）高压电晕处理方法既可以做到使电流电压零值区域出现时间极短，又可以做到比高频省电，处理效果好。中频设备造价低，体积小。中频高压电晕处理方法被广泛采用。

检验塑料薄膜电晕表面处理效果的方法是用脱脂棉球蘸上已知表面张力的测定液涂在电晕处理后的薄膜上，涂布面积在 30mm² 左右。如果在 2s 内收缩成水珠状，则薄膜电晕处理强度不足，需要重新提高电晕强度再行冲击。若试液在 2s 内不发生水珠状收缩，则表明薄膜处理效果已达到。没有条件的可用钢笔在薄膜表面写字或划线，如果墨水不收缩或不形成珠点，则表明塑料薄膜的试验面为电晕处理面。薄膜润湿张力测定液配方见表 2-2。

表 2-2　塑料薄膜润湿张力测定液配方

甲酰胺量/%	乙二醇-乙醚量/%	润湿张力/(mN·m⁻¹)	甲酰胺量/%	乙二醇-乙醚量/%	润湿张力/(mN·m⁻¹)
0	100	30	48.5	51.5	37
2.5	97.5	31	54.0	46.0	38
10.5	89.5	32	59.0	41.0	39
19.0	81.0	33	63.5	36.5	40
26.5	73.5	34	67.5	32.5	41
35	65	35	71.5	28.5	42
42.5	57.5	36			

塑料薄膜经过电晕处理，激活了薄膜表面结构极性，增强了薄膜的表面张力，提高了薄膜表面对黏合剂的吸附力，清洁了薄膜表面油污，保证了黏合剂对薄膜表面的润湿和均匀涂布。电晕处理后的薄膜不宜存放过长时间，存放时间过长，薄膜表面张力下降，直到电晕处理失效。

第三节 覆膜设备的调整

要想获得理想的覆膜效果，不仅要求黏合剂、塑料薄膜和印刷品具有良好的黏合适性，更需要有相适应的覆膜设备。覆膜设备可分为即涂型覆膜机和预涂型覆膜机两大类。即涂型覆膜机适用范围宽、加工性能稳定可靠，是目前国内广泛使用的覆膜设备。预涂型覆膜机，无上胶和干燥部分，体积小、造价低、操作灵活方便，不仅适用于大批量印刷品的覆膜加工，而且适用于自动化桌面办公系统等小批量、零散的印刷品覆膜加工。

一、即涂型覆膜机的调整

（一）即涂型覆膜机工作原理

即涂型覆膜机是将卷筒塑料薄膜涂布黏合剂后经干燥，由加压复合部分与印刷品复合在一起的专用设备。即涂型覆膜机有全自动机和半自动机两种。各类机型在结构、覆膜工艺方面都有独到之处，但其基本结构及工作原理是一致的，主要由放卷、上胶涂布、干燥、复合、收卷五个部分以及机械传动、张力自动控制、放卷自动调偏等附属装置组成，其工作原理图如图2-2所示。

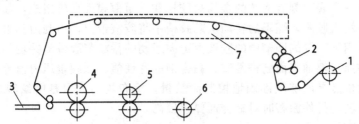

图 2-2 即涂型覆膜机结构

1—放卷部分；2—涂布部分；3—印品输入台；4—复合部分；
5—辅助层压部分；6—复卷部分；7—干燥通道

图中成卷的塑料安装在放卷架上，张力恒定的薄膜平展地输出，若分切后成卷的薄膜宽于被覆膜的印刷品，可用切边刀把多余的薄膜去掉，使薄膜宽度符合印刷品的要求后由匀胶辊将胶盘中的黏合剂均匀地涂布在薄膜的一个面上，经涂胶后的薄膜通过烘道进行烘干，然后与待覆膜的印刷品一起压合，在一定的温度和压力下，印刷品与涂胶的薄膜压合成纸塑复合制品后被收卷部分收卷，完成整个覆膜工作。

（二）即涂型覆膜机的基本结构及调整

1. 放卷部分

塑料薄膜的放卷作业要求薄膜始终保持恒定的张力。张力太大易产生纵向皱褶，反之易产生横向皱褶，均不利于黏合剂的涂布及同印刷品的复合。为保持合适的张力，放卷部分一般设有张力控制装置，常见的有机械盘式摩擦离合器、交流力矩电机、磁粉离合器等。

2. 上胶涂布部分

薄膜放卷后经过涂辊进入上胶部分。涂布形式有滚筒逆转式、凹式、无刮刀直接涂胶以及有刮刀直接涂胶等。

（1）滚筒逆转式涂胶

滚筒逆转式涂胶属间接涂胶，是各机型采用最多的一种。结构原理如图 2-3 所示。

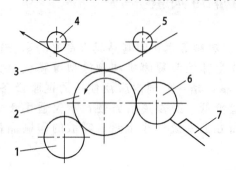 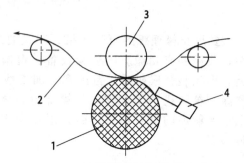

图 2-3　滚筒逆转式涂胶示意图　　　　　　图 2-4　凹式涂胶示意图

1—供胶辊；2—涂胶辊；3—塑料薄膜；　　　　1—网纹涂胶辊；2—塑料薄膜；

4,5—反压辊；6—刮胶辊；7—刮胶板　　　　　　3—反压辊；4—刮胶刀

供胶辊从贮胶槽中带出胶液，刮胶辊、刮胶板可将多余胶液重新刮回贮胶槽。薄膜反压辊将待涂薄膜压向经匀胶后的涂胶辊表面，并保持一定的接触面积，在压力和黏合力作用下胶液不断地涂布在薄膜表面。涂胶量可通过调节刮胶辊与涂胶辊、刮胶辊与刮胶板之间的距离来改变。

（2）凹式涂胶

凹式涂胶由一个表面刻有网纹的金属涂胶辊和一组薄膜反压辊组成，如图 2-4 所示。

涂胶辊直接浸入胶液，随辊的转动从贮胶槽中将胶液带出，由刮刀刮去辊表面多余的胶液。在压膜辊作用下，辊的凹槽中的胶液由定向运动的待涂薄膜带动并均匀地涂布于薄膜表面。可通过调整涂布辊轴表面栅格网纹、黏合剂的特性值、压膜辊压力值等来控制涂胶量。

凹式涂胶的优点是能够较准确地控制涂胶量，涂布均匀。但是网纹辊加工困难、易损坏，需要经常清洗，另外涂布时对黏合剂要求较高。

（3）无刮刀直接涂胶

涂胶辊直接浸入胶液，涂布时，涂胶辊带出胶液，经匀胶辊匀胶后，靠压膜辊与涂胶辊间的挤压力完成涂胶，如图 2-5 所示。

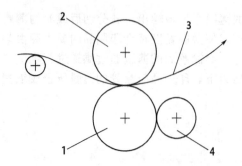 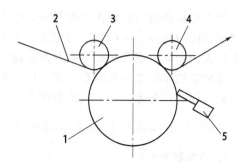

图 2-5　无刮刀直接涂胶示意图　　　　　图 2-6　有刮刀直接涂胶示意图

1—涂胶辊；2—压膜辊；3—塑料薄膜；4—匀胶辊　　1—涂胶辊；2—塑料薄膜；3,4—反压辊；5—刮胶刀

挤压时，压力、黏合剂性能指标及涂布机速等决定胶层厚度。涂胶量通过调节涂胶辊与匀胶辊、涂胶辊与压膜辊之间的挤压力实现。因此，对各辊表面精度、圆柱度及径向跳动公差等都有较高的要求。

（4）有刮刀直接涂胶

涂胶辊直接浸入胶液，并不断转动，从胶槽中带动胶液，经刮刀除去多余胶液后，同薄膜表面接触完成涂胶，如图 2-6 所示。

有刮刀直接涂胶方式，在设计上要求刮刀须刮匀涂胶辊表面的胶液，即要求刮胶刀刃口直线度、涂胶辊表面精度相当高。刮胶刀一般由平整度高、光洁度和弹性好的不锈钢带制成。

3. 干燥部分

涂布在塑料薄膜表面的黏合剂涂层中含有大量溶剂，有一定的流动性，复合前必须经过干燥处理。干燥部分多采用隧道式，依机型不同干燥道长度在 1.5～5.5m 之间。根据溶剂挥发机理，干燥道设计成三个区。

（1）蒸发区

该区应尽可能在薄膜表面形成紊流风，以利溶剂挥发。

（2）熟化区

根据薄膜、黏合剂性质设定自动温度控制区，一般控制在 50～80℃，加热方式有红外线加热、电热管直接辐射加热等，自动平衡温度控制由安装在熟化区的热敏感元件实现。

（3）溶剂排除区

为及时排除黏合剂干燥中挥发出的溶剂，减少干燥道中蒸气压，该区设置有排风抽气装置，一般为风扇或引风机等。

4. 复合部分

主要由热压辊、橡胶压力辊及压力调整机构组成。

（1）热压辊

热压辊为空心辊，内装电热装置，辊筒温度通过传感器和操纵台的仪器仪表来控制。热压辊的表面状态和热功率密度对覆膜产品质量有很大影响。一般覆膜工艺要求热压温度为 60～80℃，面积热流量为 2.5～4.5W/cm^2。

（2）橡胶压力辊

将被覆产品以一定压力压向热压辊，使其固化黏牢。复合时的接触压力与黏合强度及外观质量有密切关系，一般为 15.0～25.0MPa。橡胶压力辊长期在高温下工作，又要保持辊面平整、光滑、横向变形小，抗撕性及剥离性良好，因而多采用抗撕性较好的硅橡胶。

（3）压力调整机构

用以调节热压辊和橡胶压力辊间的压力。压力调整机构可采用简单偏心机构、偏心凸轮机构、丝杆、螺母机构等。但为简化机械传动零部件，并提高压力控制精度，目前大都采用液（气）压式压力调整机构。

5. 印刷品输入部分

印刷品的输入有手工和全自动输入两种方式。全自动输入方式又分为气动与摩擦两种类型。气动式是在印刷品前端或尾部装上一排吸嘴，依靠吸嘴的"吸"、"放"和移动来分离、递送印刷品。摩擦式输入主要靠摩擦头往复移动或固定转动与印刷品产生摩擦，将印刷品由贮纸台分离出来，并向前输送；摩擦轮做间歇单向转动，每转动一次分离一张印刷品。

6. 收卷部分

覆膜机多采用自动收卷机构，收卷轴可自动将复合后的产品收成卷状。为保证收卷松紧一致，收卷轴与复合线速度必须同步，收卷时张力要保持恒定。随着收卷直径的增大，其线速度又必须与复合的线速度继续同步，一般机器采用摩擦阻尼改变收卷轴的角速度值以达到上述要求。为提高工作效率，有些覆膜机还在收卷部分配有快速卸卷及成品分切装置。

二、预涂型覆膜机的调整

（一）预涂型覆膜机工作原理

预涂型覆膜机由预涂塑料薄膜放卷、印刷品自动输入、热压区复合、自动收卷四个主要部分，以及机械传动、预涂塑料薄膜展平、纵横向分切、计算机控制系统等辅助装置组成。图 2-7 为预涂型覆膜机工作原理图。

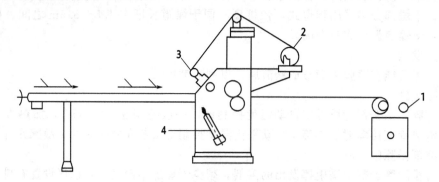

图 2-7　预涂型覆膜机工作原理
1—收卷；2—预涂膜；3—压合；4—液压手柄

预涂黏合剂的塑料薄膜材料成卷筒状放在进卷机构的送膜轴上，开机前将预涂薄膜按规定前进方向经调节辊和导向辊等机构进入复合机构，这时从印刷品输入装置输入的纸张印刷品也一起进入复合机构，经过复合机构的热压辊和橡胶压辊进行热压合后，传送到收卷机构的收料轴上。收卷机构在电动机带动下，按调好的速度拉动已覆膜的印刷品，预涂膜也按上述路线向前输送。卷成卷筒的覆膜印刷品，经割膜成为单独覆膜产品。

（二）预涂型覆膜机的基本结构及调整

1. 放卷部分

主要由塑料薄膜支承架和薄膜张力控制系统组成。预涂膜卷筒放置在放卷机构的支承架上用送膜轴支承放卷。预涂膜在工作过程中必须保持恒定的张力，张力过大过小都会影响覆膜质量。

2. 印刷品输入部分

自动输送机构能够保证印刷品在传输中不发生重叠并等距地进入复合部分，一般采用气动或摩擦方式实现控制，输送准确、精度高，在复合幅面小的印刷品时同样可以满足上述要求。

3. 复合部分

包括复合辊组和压光辊组，如图 2-8 所示。复合辊组由加热压力辊、硅胶压力辊组成；热压力辊是空心辊，内部装有加热装置，表面镀有硬铬，并经抛光、精磨处理；热压辊温度由传感器跟踪采样、计算机随时校正；复合压力的调整采用偏心凸轮机构，压力可无级调节，原理简图如图 2-9 所示。

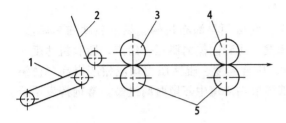 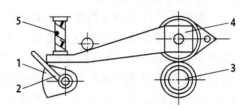

图 2-8　预涂型覆膜机复合部分机构
1—输纸部分；2—预涂薄膜；3—热压力辊；
4—镀铬压力辊；5—硅胶压力辊

图 2-9　复合压力调整机构
1—离合凸轮；2—手柄；3—硅胶辊；
4—热压辊；5—压簧

压光辊组与复合辊组基本相同，即由镀铬压力辊同硅胶压力辊组成，但无加热装置。压光辊组的主要作用是：预涂塑料薄膜同印刷品经复合辊组复合后，表面光亮度还不高，再经压光辊组二次挤压，从而使表面光亮度及黏合强度大为提高。

4. 传动系统

传动系统是由计算机控制的大功率步进电机驱动，经过一级齿轮减速后，通过三级链传动，带动进纸机构的运动和复合部分及压光机构的硅胶压力辊的转动。压力辊组在无级调节的压力作用下保持合适的工作压力。

5. 计算机控制系统

计算机控制系统采用微处理机，硬件配置由主机板、数码按键板、光隔离板、电源板、步进电机功率驱动板等组成。

三、覆膜前的调节与调整

覆膜机组成机构很多，各部分都要协调配合。覆膜前各机构的调节与调整直接影响覆膜质量（以干式覆膜机为例）。

1. 涂布机构的调节

涂布机构首先要调节涂布辊和刮胶辊的平行间隙及涂布辊转速，两辊平行度控制在 0.004～0.005mm 以内，涂布辊表面线速度与薄膜运行速度应控制在 1.5∶1 为宜，即涂布辊线速度高于薄膜运行速度，涂布辊转速越高，胶层越厚。其次调节涂布量，一般为 3～7g/m²（湿量），通常黏合剂固含量为 30%～35%。

2. 热压温度和辊筒压力的调整

热压温度和辊筒压力调整不适当，覆膜质量就会出现问题。

热压温度根据印刷品墨层厚度、纸质好坏、气候等条件调整，一般控制在 60～80℃。温度过高，造成薄膜变形，产品卷曲、皱褶等；温度过低，覆膜不牢，易脱层。一般胶版纸、白纸板及墨层厚的印刷品热压温度略高一些，铜版纸热压温度略低一些。

辊筒压力根据不同的情况进行调整，一般表面光滑、平整的印刷品的覆膜压力为 100～150kN/m 左右。压力过大，易产生压皱、条纹、纸张伸长变形、辊筒变形、压力不均、加快设备磨损等；压力过小，易造成覆膜不牢、脱层等。

3. 烘道温度的调节

烘道用于烘干塑料薄膜上的黏合剂，以便进行热压复合。干燥度一般控制在 90%～95%，以手感略有黏着力为原则。过分干燥和过分黏手都不利于覆膜质量。烘道温度一般控制在 45～75℃。烘道温度过高，使黏合剂过分干燥，达不到黏合作用；温度过低，使黏合剂稀释剂不能全部挥发，气体迫使两层分离，也达不到黏合作用。

4. 辊筒速度的调节

覆膜机的速度也是覆膜质量的主要影响因素。它必须与涂布机构、烘道温度和热风量、压合机构温度及压力相适应，使黏合剂稀释剂挥发，达到固体树脂压合熔点。覆膜机速度一般为 6～10m/min。提高覆膜机速度，烘道温度、压合温度、辊筒压力均应相应提高，使温度、压力与机器速度相匹配。速度过高，黏合剂膜层在烘道中停留时间过短，溶剂挥发不干净，压合机构作用时间过短，覆膜牢度降低。

第四节　覆膜工艺过程与控制

一、覆膜的工艺过程

覆膜工艺就是用黏合剂将塑料薄膜和印刷品黏合在一起，形成纸塑复合印刷品的方法。覆膜的基本工序为：印刷品的覆膜前处理→涂布黏合剂→调试覆膜设备→贴塑试验→正式覆膜→收卷分切。

二、印刷品覆膜前处理

印刷品符合质量标准和客户要求进行覆膜处理是覆膜加工的前提。

覆膜车间相对湿度要符合要求。特别是纸张吸收空气中水分和向空气中散发水分的能力较弱，如果环境湿度不合适，则印刷品含水量不符合要求，覆膜后就会产生变形。印刷品过大的含水量会造成覆膜过程中经热压释放出水蒸气，使局部产生不黏合现象。车间相对湿度一般控制在 60%～70% 之间。覆膜车间要保持较高的洁净度，如果环境灰尘飘移到黏合界面，会产生非黏合现象。

墨层厚度、渗入深度对覆膜也有影响，平版印刷对覆膜工艺较为理想。

印刷品油墨层过厚，黏合剂不能正常渗透油墨层，造成假性黏合或当时起泡。对这种情况，调整黏合剂与溶剂的比例，增大黏合剂用量，增大压力、温度，促进黏合剂分子运动，使黏合剂尽可能透过油墨渗入纸张，便可得到解决。一般这种情况压力控制在 120～150kN/m，温度控制在 65℃左右，黏合剂涂布厚度控制在 6～8μm，干燥温度控制在 45～75℃，中速风力。

印刷品油墨层过浅对覆膜没有影响，这时温度、压力均可适当降低一些。

印刷品中的粉状油墨，如金、银墨等，颗粒较粗，会隔开黏合剂和纸张，影响黏合，黏合不牢。覆膜时可用干布轻擦印刷品表面，增大橡胶辊压力和加热温度，一般线压力控制在 130～160kN/m，温度控制在 65℃左右，黏合剂涂布厚度为 6～8μm，涂布黏合剂的薄膜在通过烘道后有轻微黏手感为宜。

印刷品的油墨添加燥油可提高油墨干燥速度，但是油墨表面结成油亮光滑的低界面层，即晶化，覆膜时易使印刷品表面起泡，这时可印刷一层亮光浆破坏这种晶化。

印刷品纸张紧度较大，其平整度和光滑度较好，黏合剂渗透性小，覆膜后易产生脱膜起泡现象。这时可调低黏合剂配比浓度，橡胶辊线压力控制在 140～170kN/m，加热温度控制在 65～70℃，黏合剂涂层厚度控制在 3～5μm。

印刷品纸张紧度较小，其平整度和光滑度较差，黏合剂渗透性强，黏合力高，黏合剂用量大。覆膜时，橡皮辊线压力一般控制在 100～120kN/m，加热温度控制在 55～65℃之间，黏合剂涂层厚度控制在 5～7μm。

三、覆膜工艺过程控制

常用覆膜方法有预涂膜覆膜和即涂膜覆膜。

（一）预涂膜覆膜与工艺控制

预涂膜覆膜工艺是一种 20 世纪 90 年代出现的较新的覆膜工艺。它与即涂膜覆膜工艺相比，省略了黏合剂的调配、涂布、烘干等工艺过程。

预涂膜覆膜工艺是由专业厂家通过专用设备将热熔胶按设计定量均匀地预先涂布在塑料薄膜上，经烘干、收卷、包装后制成产品出售，印后加工企业在无黏合剂涂布装置的覆膜设备上进行热压，完成印刷品的覆膜加工。预涂膜覆膜工艺流程为：

$$薄膜备料 \rightarrow 放料 \rightarrow 热压合 \rightarrow 收卷 \rightarrow 存放 \rightarrow 分切 \rightarrow 成品$$
$$印刷品输送$$

预涂膜覆膜一般采用双向拉伸聚丙烯（BOPP）作为预涂薄膜。适用于印刷包装类及金属薄板、塑料板材、各类食品包装和书刊、商标、彩照、礼品盒、手提袋、酒盒等的覆膜，是一种高档包装材料。预涂膜覆膜产品具有防潮、防污、耐磨、不起泡、不脱层、不起皱的特点。

1. 预徐膜覆膜优点

① 覆膜工艺简单。不需要黏合剂及黏合剂涂布机构和加热烘道，随时开机，随时覆膜，加压即可完成覆膜，生产管理简化，操作工人劳动强度低，生产效率高。

② 黏合性能优异。覆膜后的产品不会出现起泡现象。

③ 不用溶剂。不使用溶剂，图文色彩鲜亮，有利于环境保护，消除火灾隐患，有利于操作工人身体健康，减少通风设备。

④ 不需专门覆膜设备。预涂膜覆膜不需专门覆膜设备，只需将原有覆膜机关闭黏合剂涂布机构和加热烘道即可使用。

⑤ 节省工作时间，提高工作效率。预涂膜覆膜可以将印刷后油墨未干的印刷品马上进行覆膜，覆膜后可以立即进行下一道工序加工，如烫金、模切等。节约工时，缩短加工周期。

⑥ 生产成本低。预涂膜覆膜选用密度最小的 BOPP 材料。覆膜每令纸的用量较少，预涂膜覆膜生产成本低于一般覆膜工艺。

⑦ 适用范围广。适用于高速印刷的纸张，不考虑纸张的吸水性和渗透性等，生产速度快。可用挺度、硬度、强度都很高的 PET 材料作为生产预涂膜覆膜的基材。通常的覆膜工艺很难做到这一点。

⑧ 黏结性能好。BOPP 薄膜经过表面电晕处理，表面活性及连接性能加强，具有更强的亲和性，能克服起泡分离现象。

2. BOPP 预涂膜规格及性能

厚度（包括 BOPP 薄膜和黏合剂层）：$25\mu m$、$28\mu m$ 等。

长度：每卷 1500m 以上。

宽度：220mm、330mm、360mm、390mm、400mm、430mm、440mm、460mm、500mm、540mm、560mm、570mm、600mm、610mm、780mm、850mm、880mm、1000mm、1080mm 等，可根据用户要求加工。

拉伸强度：纵向≥50MPa，横向≥85MPa。

断裂伸长率：纵向≤80％，横向≤65％。

3. 预涂膜覆膜工艺控制

预涂膜覆膜工艺过程中主要得控制好温度、压力、速度三个技术参数。

（1）覆膜温度

温度是预涂膜覆膜的首要因素，温度决定了热熔胶黏合剂的熔融状态，决定了热熔胶分子向 BOPP 薄膜、印刷品、纸张等的渗透能力和扩散能力。尽管覆膜温度的提高有助于黏合强度的增强，但温度过高会使薄膜产生收缩，产品表面发亮、起泡，产生皱褶。覆膜温度应控制在 70～100℃之间，常用温度为 85～95℃。

（2）覆膜压力

纸张的表面并不平整，只有在适宜的压力下，熔融状态的热熔胶才能完全覆盖印刷品表面，覆膜产品才光亮，黏结效果才好。压力小，黏结不牢；压力大一些，有助于提高覆膜和纸制品的结合力。但是，如果压力过大，又容易使产品产生皱褶，而且容易使橡胶压辊表面受伤、变形，降低橡胶压辊的使用寿命。随着压力的增大，橡胶压辊和热压辊间的接触压力增大，会影响整机的使用寿命。

在实际生产中，应当根据不同的纸张来调节压力。比如对于纸质疏松的纸张，压力要大一些，反之则小一些。覆膜压力一般设定为 80～250kN/m，常用 100～150kN/m。

（3）覆膜速度

覆膜速度决定了预涂膜上的黏合剂在橡胶压辊和热压辊间的熔化时间以及薄膜和纸张的接触时间。覆膜速度慢，BOPP 薄膜上黏合剂的受热时间相对较长，薄膜和纸张的压合时间长，黏合效果好，但生产效率低；覆膜速度快，BOPP 薄膜上黏合剂在加热滚筒上的受热时间短，薄膜和纸张的接触时间短，黏合效果差。预涂膜覆膜设备速度一般控制在 5～30m/min，常用速度为 8～12m/min。

覆膜温度、覆膜压力和覆膜速度三者之间的协调配合应根据所使用设备的覆膜产品种类的不同以及使用薄膜种类的不同等实际情况灵活掌握，只有这样才能得到高质量的覆膜产品。

（二）即涂膜覆膜与工艺控制

1. 干式覆膜与工艺控制

干式覆膜的工艺原理与湿式覆膜基本相似。所不同的是干式覆膜将涂布黏合剂的薄膜经过烘道加热、将黏合剂中有机溶剂挥发后再与复合材料热压、黏合。干式覆膜工艺流程为：

薄膜备料→放料→涂黏合剂→烘干→复合→复卷→存放→分切→成品

印刷品输送

而湿式覆膜将涂布黏合剂的薄膜直接与纸张复合后，再进入烘道干燥或不经干燥直接卷取。湿式覆膜工艺流程为：

薄膜备料→放料→涂黏合剂→复合→烘干或不烘干→复卷→存放→分切→成品

印刷品输送

干式覆膜采用有机溶剂黏合剂，湿式覆膜采用水溶性黏合剂。

干式覆膜的工艺条件见表 2-3。

表 2-3 干式覆膜的工艺条件

纸张	黏合剂干度/%	辊筒温度/℃	辊筒压力/(kN·m^{-1})	烘道温度/℃	机速/(m·s^{-1})
胶版纸	90～95	55～75	130～200	45～65	10～12
铜版纸	90～95	55～65	120～190	45～65	10～12

干式覆膜操作环境对产品质量有一定影响，生产车间应具备以下条件。

① 相对湿度要求在 60%～70% 之间。相对湿度过高，除降低干燥速度外，还容易在刮刀上产生雾滴，印刷品出现纵向"暗纹"；相对湿度过低（40%以下），易使薄膜产生静电。

② 环境温度控制在 18～23℃ 之间较为理想。

③ 有完善的溶剂排放装置或回收装置。覆膜环境的允许浓度：甲苯，100cm^3/m^3；甲醇，200cm^3/m^3；正己烷，100cm^3/m^3；丙酮，200cm^3/m^3；乙酸乙酯，400cm^3/m^3；异丙醇，400cm^3/m^3。气体取样方法：在距地面 1m 高处，抽取一定量气体，作为样品分析。

④ 环境密封，以防灰尘、杂物、昆虫等混入。

⑤ 有换气装置，以保证车间空气新鲜。

干式覆膜工艺过程中主要得控制好温度、压力、速度三个技术参数。此外，干式覆膜还要对黏合剂的浓度进行控制。干式覆膜工艺使用的黏合剂必须随用随配，不然黏合剂随着存放时间加长黏合力会下降。黏合剂中含有苯型溶剂，对大气环境会造成极大的污染，并存在火灾隐患，因此最好采用全部封闭的上胶机构。为降低未全部封闭的上胶机构涂布中黏合剂浓度值的变化，一些新型覆膜机贮胶槽中的黏合剂多采用循环搅拌、自动上胶法加以调节。

2. 湿式覆膜与工艺控制

湿式覆膜的压合辊筒压力和温度均低于干式覆膜方法。生产车间环境温度与干式覆膜相同。由于湿式覆膜采用水溶性黏合剂，因此在工艺控制中还应注意以下问题。

① 控制印刷品喷粉。湿式覆膜采用水溶性黏合剂，水溶性黏合剂可以溶解印刷品表面的喷粉，但水溶性黏合剂本身也受溶解度的限制，如果印刷品喷粉量过大，多余部分就不能被水溶性黏合剂完全溶解，就会出现大面积雪花。覆膜时，应协调上下工艺，印刷时尽量减少喷粉量，加大水溶性黏合剂溶解喷粉的能力；在覆膜前将印刷品表面悬浮喷粉清扫一下。

② 保持清洁。由于水溶性黏合剂干燥很快，如果静止没有流动，会干燥成胶皮和固体块状。如果附在涂胶辊或压辊上，就会造成局部涂胶过小或施压时局部施压过大。所以在覆膜过程中要保持涂胶辊及施压辊干净。如果周围环境中灰尘太多，造成水溶性黏合剂中有干燥胶皮及切下的薄膜碎片等，覆膜产品就会有雪花，所以应当注意环境卫生，水溶性黏合剂用不完应倒回胶桶密封好，或采取上胶前过滤的方法。

③ 控制印刷品变色。印刷品变色主要出现在大面积印金及烫金产品。这是由于水溶性黏合剂中化学性质活跃的元素和金粉发生了化学反应。针对印金产品，要求采用特种油墨或特种水溶性黏合剂，或改变工艺，烫金产品先覆膜后烫金，很多厂家采用后一种工艺，效果非常好。

④ 控制纸塑脱离。纸塑脱离现象容易在满版印刷品中出现，因表面油墨层较厚，胶水难以润湿、扩散、渗透，造成黏结不牢。针对满版印刷品，要求水溶性黏合剂生产厂家加大黏合剂固含量；适当加大涂胶层厚度；提高覆膜时及产品干燥过程中的外界温度；检查水溶性黏合剂是否变质，检查胶水的出厂日期及保质期；检查薄膜是否超过保质期限，检查薄膜电晕处理是否失效。

⑤ 控制产品变形。若水溶性黏合剂量太大，必然使纸张吸收水分，纸张变形增大。所

以没有雪花点的情况下应尽量减少涂胶量。若覆膜拉伸变形严重，此时应适当调整薄膜的松紧张力，只要保证薄膜能很平整地与纸张贴合，张紧力越小越好。外界环境温度差、湿度差不能太大。

即涂膜覆膜工艺，归纳起来主要有半自动操作和全自动操作两类。全自动操作从输纸开始，到涂胶、复合、分切、成品收齐均由机械完成。而半自动操作除上胶、热压复合由机械操作完成外，其他作业均由人工操作。这两种工艺方法尽管有上述差异，但是它们的工艺流程却是相同的。首先用辊涂装置将黏合剂均匀地涂布在塑料薄膜上，经过烘箱将溶剂蒸发掉，然后将印刷好的印刷品牵引到热压复合装置上，并在此将塑料薄膜和印刷品压合，完成复合，同时完成产品的复卷，进而进行产品的存放定型、分切，最后完成成品的检验工作。

四、正式覆膜前的检验

机器调整好后，把经过预处理的印刷品送入进纸机构进行覆膜，取得样品进行检验。覆膜前先用少量印刷品进行检验，以免造成大量浪费，检验合格后，即可进行大批量生产。

覆膜检验可用如下方法进行。

1. 撕揭检验法

把覆膜完成后的样张薄膜一角向横宽方向撕揭，按住纸张，宽度方向全部撕开后，再全面撕揭。撕开后，若印刷品表面图文印迹随胶层和纸张的纤维转移到薄膜上，则说明印刷品与薄膜黏合良好，为合格产品。

2. 烘烤试验法

把覆好膜的样品放入烘道内，以 60~65℃烘烤约 30min，如果没有起泡现象，不产生脱层，不起皱，为合格产品。

烘烤后撕揭薄膜应不能完好地与纸张分离。

3. 水浸法

把试样放入冷水中浸泡约 1h 后取出，如塑料薄膜与印刷品不脱离则为合格品。

4. 压折法

把试样放在压痕机上试压，如压出的凹凸部分没脱层则为合格品。

覆膜样品经过一种或几种检验方法后，若符合要求，则可投入批量生产。如果不符合要求，则样品不合格，要调整工艺再试验，直到检验合格为止。

五、正式覆膜

对样品进行检验后，即可进行批量生产。

覆膜生产工艺一般可分为输纸、复合、复卷等几道工序。覆膜所用塑料薄膜为卷筒材料，纸张通常为单张纸。在覆膜机中，塑料薄膜的运动是由热压辊的摩擦力带动自动进行的，纸张的运动是由操作人员按规矩要求摆放在输送带上后由输送带传送的。

输纸工序就是保证印刷品与塑料薄膜自动同步运动，将单张印刷品摆放在输送带上进行有效压合的工作。输纸有手工操作和自动输纸两种，输纸工序直接影响覆膜质量和覆膜操作。

塑料薄膜与印刷品的复合是在覆膜机中进行的。复合后的产品在覆膜机中的复卷装置上卷成卷筒状。

覆膜过程中，生产人员既要负责机器操作，又要负责配合添加黏合剂、调整薄膜、产品收卷、检查质量等。

六、覆膜质量要求和检测标准

1. 覆膜质量要求

覆膜对产品起到保护和美化作用，覆膜的印刷品一般要经过折叠、刮压、粘贴、烘烤、模切、压痕等加工，要受到各种物理、机械、化学作用，在这些条件下覆膜产品不能出现质量故障。

覆膜产品的基本质量应达到以下要求。

① 印刷品图案色彩保持不变，在日晒、烘烤、紫外线照射条件下覆膜印刷品的图案色彩仍要保持不变。

② 塑料薄膜与印刷品黏合平整、牢固，纸和薄膜不能轻易分开，揭开后纸张表面平滑度和油墨层将被破坏，折叠、压痕和烫书背等处纸膜不能分离。

③ 覆膜产品不准有气泡、分层、剥离。覆膜产品在分切、压痕、存放、包书、瓦楞裱糊、书籍堆放期间，在印刷多色版叠印的暗调位置、墨层较厚的实地位置不能出现砂粒状、条纹状、蠕虫状、龟纹状的薄膜凸起现象。

④ 覆膜产品表面平整光洁，不能有皱纹、折痕或其他杂物混入。覆膜产品皱纹有膜皱、纸皱、纸膜共同皱、竖皱、横皱、斜皱等，出现任何皱纹和折痕均为不合格产品。

⑤ 覆膜产品不得卷曲。覆膜产品分切后，不能向薄膜方向卷曲，要保持平整状态。工艺条件调整不当或其他原因，严重时会使产品自动卷曲成圆筒状，纸张越薄、纸质越疏松、湿度越大、气温越低，越易发生这种问题。

⑥ 不能出现出膜和亏膜。塑料薄膜应全面完整地覆盖于印刷品上面，薄膜边缘不得超出印刷品边缘或覆盖印刷品边缘不全，不能使产品边缘有多余薄膜。

2. 覆膜质量检测标准

1991 年 7 月 1 日国家新闻出版署制定了覆膜质量检测标准，主要检测内容与要求如下。

① 根据纸张和油墨性质的不同，覆膜的温度、压力、胶黏剂应适当。

② 覆膜黏结牢固，表面干净、平整、不模糊、光洁度好、无皱折、无起泡和粉箔痕。

③ 覆膜后分割的尺寸准确，边缘光滑、不出膜、无明显卷曲，破口不超过 10mm。

④ 覆膜后干燥程度适当，无粘坏表面薄膜或纸张现象。

⑤ 覆膜后放置 6~20h，产品质量无变化。有条件的用温箱测试。

⑥ 覆膜的环境应防尘、整洁，室内温度适当，涂胶装置部分应密封。

第五节 覆膜常见故障及排除方法

1. 塑料薄膜断裂

原因：上膜阻力大。

排除方法：①调整上膜轴左右顶套；②松动放膜制动器；③润滑放料轴。

2. 纸张起皱

原因：①纸张受潮；②车间温度过高；③辊筒压力不均匀；④导向辊间隙不等；⑤纸张前进方向与导向辊不垂直。

排除方法：①纸张受潮和车间温度过高使纸张变形，把变形纸张整理平整；②调整压辊和导向辊间隙、压力，检查辊筒轴承是否损坏；③调整导向胶辊；④调整输送带；⑤调整规矩。

3. 塑料薄膜起皱

原因：①涂布好的黏合剂太厚，未干；②覆膜压合温度和烘道温度偏高；③导向胶辊与导向光棍间隙过小，压力过大，或导向光棍上有脏物；④覆膜速度过快；⑤覆膜拉力大，起竖皱、斜皱。

排除方法：①调整黏合剂涂布量、烘道温度和机速，保证黏合剂符合干燥要求；②压合温度和烘道温度偏高，薄膜软化变形，在热压辊碾压作用下塑料膜易起皱，这时应降低热压合辊温度，使之符合压合要求；③调整导向胶辊间隙，用干净布擦拭导向胶辊；④降低主机速度，使胶液完全干燥；⑤调松薄膜压力，调整舒展辊，使薄膜展平后再压合。

4. 成品出现跑边、露膜、纸张倾斜、放不上规矩

原因：规矩不符合工艺要求。

排除方法：调整工作规矩，跑边和露膜时把规矩向前推或向后拉，纸张倾斜或放不上规矩时把规矩向外拉。

5. 覆膜表层泛白

原因：车间温度过高，外层干燥，里层未干燥，表层含水汽。

排除方法：严格控制车间温度。

6. 收卷拉力小

原因：收卷轴承缺油发热或摩擦盘上有油。

排除方法：给收卷轴承加油，或清洗擦拭摩擦盘。

7. 收卷两边松紧不一致

原因：①收卷不齐；②收料轴与主机辊筒不平行。

排除方法：①收卷时拉平拉齐；②调整收料轴与主机辊筒平行度。

8. 残胶黏附在辊表面

原因：两张纸之间有间隔，使黏合剂粘到辊筒表面上。

排除方法：①输纸时消除两张纸之间的间隔；②喷涂滑石粉。

9. 产品表面起泡

原因：①纸张湿度大；②纸张掉粉；③油墨过厚或不干；④油墨中防黏剂、快干剂过多；⑤胶层太薄或太厚；⑥胶液过浓或过稀；⑦涂布不匀或黏合剂老化；⑧薄膜表面有灰尘杂质。

排除方法：①晾干纸张，调整车间湿度；②去除纸张表面粉尘；③调整涂布黏合剂工艺，电化学处理塑料薄膜，套印亮光浆，油墨不干时要进行干燥；④用干净柔软的布擦拭印刷品表面析出物；⑤调整胶层厚度和上胶辊间隙；⑥调整胶液浓度；⑦调整两胶辊间隙，使其一致，调整刮刀，清除异物，更换老化胶液；⑧清除塑料薄膜表面灰尘杂质。

10. 纸膜共同起皱

原因：①热压胶辊与热压辊间压力不一致，重压边起皱；②热压辊或热压胶辊表面有异物或损坏；③导向辊间隙过大或轴承损坏。

排除方法：①调整热压胶辊与热压辊间压力，使其保持一致；②清除异物，修理或更换损坏部分；③调整橡胶辊压力，若调压油路阻塞则通油路，调压滑道加油润滑，调整导向辊间隙，轴承损坏更换轴承。

11. 产品卷曲

原因：①纸张受潮变形；②气候潮湿；③薄膜拉力过紧；④辊筒温度高，压力大。

排除方法：①覆膜后存放 6～24h 后再分切，产品应正反面相隔堆放，即数张膜朝上、数张膜朝下间隔堆放；②控制车间温度；③调整薄膜牵引力；④适当降低辊筒温度和压力，

防止脱膜和产品变形。

12. 产品透明度差

原因：①黏合剂本身不清亮；②车间湿度大，纸张潮湿。

排除方法：①更换清亮黏合剂；②对纸张和车间进行干燥处理，清除膜与纸间的水汽。

复习思考题

1. 覆膜的作用是什么？
2. 覆膜有几种方法？各自的特点是什么？
3. 黏合剂涂布方法主要有哪些？各自的特点是什么？
4. 覆膜用黏合剂由哪些成分组成？各有什么作用？
5. 各种不同的覆膜方法常采用哪种类型的黏合剂？
6. 塑料薄膜的表面处理方法有哪些？其中最常用的方法是哪种？其工作原理是什么？其作用是什么？
7. 叙述即涂膜覆膜机的组成和工作原理。
8. 叙述预涂膜覆膜机的组成和工作原理。
9. 怎样对覆膜的各种方法进行工艺控制？
10. 覆膜产品的质量要求有哪些？覆膜产品质量检验的方法有哪几种？怎样检验？

第三章

上光、扫金与滴塑

第一节 概 述

一、上光的原理

上光就是在印刷品表面涂（或喷、印）上一层无色透明的涂料，经流平、干燥、压光以后，在印刷品的表面形成薄而均匀的透明光亮层。我国国家标准（GB/T 9851.7—2008）印后加工术语中指出：上光是在印品表面涂布明光亮材料的工艺。

纸张承印图文后，虽然油墨具有一定的光亮度和抗水性能，但由于纸张纤维的作用，印刷品表面的光亮度、抗水性、耐磨性、耐折性、耐光性、耐酸碱性、耐醇性以及防污性能都不理想，同时为了提高印刷品的附加值，必须对印刷品进行上光。因此上光加工是改善印刷品表面性能和提高其附加值的一种有效方法。

印刷品表面的光泽由两部分组成：一部分是本体反射光，即印刷品本身的画面特性；另一部分是表面反射光，即印刷品的表面性能。印刷品能够呈现出来的光泽，除受本体反射光的影响外，其表面平滑度越高，所呈现出的光泽也就越强。因此，通过上光涂料在印刷品表面的流平、压光，可以改变纸张表面呈现光泽的物理性质。由于上光时涂上的涂料薄层具有高的透明性和平滑度，因而不仅在印刷品表面上呈现了新物质的光泽，而且又能使印刷品上原有图文的光泽透射出来。

二、上光的形式与特点

印刷品上光的形式一般包括涂料上光和涂料压光两种。涂料上光是将涂料（俗称上光油）涂布于纸印刷品表面流平干燥的过程。其干燥的方式有红外线干燥、热风干燥、微波干燥等。而涂料压光是先用普通上光机在纸印刷品表面涂布压光涂料，待干燥后再到压光机上借助不锈钢光带热压，冷却后进行剥离，从而增加印刷品表面的光泽度。

上光加工通过涂料在印刷品表面的流平成为光滑的表面，不仅可以增加其表面平滑度，使之呈现出更强的光泽和美化效果，获得良好的印刷效果，提高印刷品的附加值，而且能够对印刷图文起到保护作用，即可以使印刷品表面具有抗水、耐磨、耐光、耐折、耐酸碱、耐醇以及防污能力。同时，上光后的书籍封面不会卷曲上翘；上光后的纸印刷品可生物降解，不会对环境造成污染，回收利用处理简单。可以在凹印机、胶印机和柔性版印刷机等机器上进行联机上光，实现联线操作，提高加工精度和速度。

三、上光的应用与发展

上光已成为印后加工的重要手段之一，广泛应用于包装装潢、书刊封面、画册、商标、广告、挂历、大幅装饰、招贴画等印刷品的表面加工中，尤其在外贸出口产品包装加工上获得很大成效。在实现印前数字网络化、印刷多色高效化的技术创新中，印后加工只有运用高新技术达到精美自动化，才能完成印刷技术的整体革命。运用清洁能源、清洁原材料进行清洁产品生产的上光工艺，将成为适应 ISO 14000 环境管理国际标准的面向 21 世纪的印后重要精加工手段，在印刷、包装行业将获得全面推广。

第二节　上光涂料的选用

目前发展起来的上光涂料的类型很多，根据其干燥方式可分为氧化聚合型、溶剂挥发型、热固化型和光固化型四种。它们都有其自身的工艺优势：氧化聚合型上光涂料主要靠空气中的氧发生聚合反应而干燥成膜，对干燥源的要求不高，设备投资少；溶剂挥发型上光涂料依靠涂料中溶剂挥发干燥成膜，在涂布、干燥、成膜过程中具有较好的流平性，其加工性能好，适用范围广，适用于各种档次、大批量印刷品的上光加工；热固化型上光涂料依靠成膜树脂中高分子结构所含有的活性官能基团和涂料中的催化剂，遇热发生交联反应干燥成膜，固化快，生产效率高，适用于自动化上光加工；光固化型上光涂料是通过吸收辐射光能量后，涂料分子内部结构发生聚合反应而干燥成膜，其上光涂层的光泽度高，膜层的耐磨性、耐折性、耐热性能都比较好，适用于高档次印刷品的上光加工。

上光材料的种类非常多，选用时一定要符合科学、经济、实用等基本原则。所谓科学，是指要研究上光材料是否合乎印刷品的上光和使用中的各项理化性能；经济，是指在选择上光材料时，必须做到上光材料与印刷品相称，避免出现用高档上光材料加工中、低档印刷品；实用，是指上光材料的选择要与上光设备匹配。上光材料的选择，还必须注意安全、卫生和环保的要求。从安全方面考虑，应选用贮存性能好、不易燃烧的上光材料；从卫生和环保方面考虑，应选用无嗅、无毒、无味的上光材料。生产现场和机器通风条件好的，选择范围可适当宽一些。相反，不应选用以芳香类物质为溶剂的上光材料，以防影响操作人员的身体健康和给环境造成污染。

一、上光涂料类型

涂料上光包括全面上光、局部上光、光泽型上光、亚光（或称平光、消光）型上光和特殊涂层（例如防潮、耐磨、滑爽等）的上光。上光涂料也称为上光油、上光浆、上光液。

1. 按上光方式分类

涂料上光作业，可以采用印刷机直接上光、专用上光机单独上光以及在多色印刷机组之后连接上光机组联机上光。不同产品对上光方式和所用涂料有不同的要求。

涂料上光的方法及其种类可归纳如图 3-1 所示。

2. 按上光涂料组分分类

上光涂料按其组分不同可以分为如下几种。

① 挥发性上光油。纸张上光用的一般上光油多数由天然树脂制成，能够溶于乙醇，称之为挥发性上光油。这类上光油配制方便，成本低。其缺点是光泽保持的时间不长，耐摩擦性能也较差。

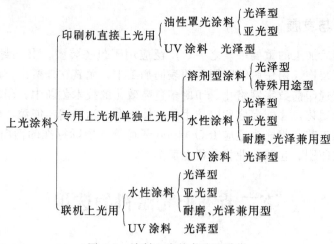

图 3-1　涂料上光的方法和种类

②涂层防护上光油。一种由硝化纤维混合而成的上光油。纸板上采用这类上光油，具有良好的耐摩擦性能及耐热性能。缺点是形成的亮光膜的光泽较差。

③流延上光油。也是一种由硝化纤维混合而成的上光油。为了得到很好的光泽，需要增加一道辅助工序——压光。纸张上光后，再通过压光机加热、加压产生高光泽。流延上光油的重要特点是，在温度 100℃ 左右时，虽呈黏滞状态，但不会粘在延压机上。

④双成分上光油。这是一种反应性产物，加工前使两种成分混合，溶剂挥发以后，两种成分开始反应，形成一种塑料层。这种上光油比流延上光油成本低，用量少，而且可以省去延压工艺。

⑤热胶合上光油。一种溶于快速挥发性溶剂里的特种上光油。这种上光油适用于皮货包装及漆器包装。

⑥浸渍上光油。一种特种上光油。它主要涂布在包装材料的背面，以提高包装材料的稳定性，特别用于防水包装。

⑦紫外线固化上光油。一种少用或者根本不用溶剂的上光油。这种上光油以液体状态涂布于印刷品表面后，用紫外线进行烘干，在几秒钟之内形成光膜。紫外线固化上光油优于普通上光油之处是不需要专门的防火设施。

二、上光涂料的基本要求

理想的上光涂料除具备无色、无味、光泽感强、干燥迅速、耐化学药品等特性外，还应满足以下的基本要求。

①膜层透明度高、不变色。为使上光加工后的印刷品获得满意的效果，要求干燥后的膜层不仅能够呈现出原有印刷图文的光泽，而且能够在印刷品表面形成透明度高的膜层，这就要求上光涂料成膜后透明度高、性能稳定，不能因日晒或使用时间长而变色、泛黄。

②膜层具有一定的韧性和耐磨性。大多数上光的印刷品要求表面膜层具有一定的韧性。例如，书籍装帧中的护封、封面就要求表面膜层柔韧性要好，使用中不致因翻折而出现破损或干裂。上光涂层还必须具有一定的耐磨性，以适应上光产品的使用条件和后工序加工的工艺要求。例如，各类包装纸盒、各类书刊的封面的后工序加工一般由机械完成，在整个工艺加工中产品表面难免受到摩擦。因此，上光膜层必须具有耐磨性。

③具有一定的柔弹性。任何一种上光油在印刷品表面形成的亮膜必须保持较好的弹性，

才能与纸张或纸板的柔韧性相适应，不致发生破损或干裂、脱落。

④ 膜层耐环境性能要好。上光后的印刷品有些用于制作各类包装纸盒，为能够对被包装产品起到好的保护作用，要求上光膜层耐环境性一定要好。例如，食品、卷烟、化妆品、服装等商品的包装必须具备防潮、防霉的性能。另外，干燥后的膜层化学性能要稳定，不能因同环境中的弱酸或弱碱等化学物质接触而改变性能。

⑤ 对印刷品表面具有一定黏合力。印刷品由于受表面图文墨层积分密度值影响，表面黏合适性大大降低，为防干燥后膜层在使用中干裂、脱膜，要求膜层黏着力强，并且对油墨及调墨用各类辅料均有一定的黏合力。

⑥ 流平性好、膜面平滑。印刷品承印材料种类繁多，加之印刷图文的影响，表面吸收性、平滑度、润湿性等差别很大，为使上光涂料在不同的产品表面都能够形成平滑的膜层，要求涂料流平性好，成膜后膜面平滑。

⑦ 印后加工适性宽。印刷品上光后，一般还需经过后工序加工处理，例如模压加工、烫印电化铝加工等。因此，要求上光膜层印后加工适性要宽。例如，耐热性要好，烫印电化铝后不能产生黏搭现象；耐溶剂性高，干燥后的膜层不能因受后加工中黏合剂的影响而出现起泡、起皱和发黏现象。

三、溶剂型上光涂料

溶剂型上光涂料是国内使用最早的上光涂料。溶剂型上光涂料涂布于印刷品表面后，通过红外加热，涂层中的部分有机溶剂挥发析出，成膜物质留在印刷品表面结膜成亮光薄膜。溶剂型上光的设备投资小、成本低，适用于大批量印刷品的上光，但由于溶剂的挥发和在印刷品表面的残留，都会对环境造成污染，对人体有害。因此，随着人们的环保意识的增强，溶剂型上光涂料的应用越来越多地受到限制，今后有被取代和淘汰的趋势。

上光涂料一般由主剂（成膜树脂）、助剂和溶剂三部分组成。

（1）主剂

主剂是上光涂料的成膜物质。印刷品上光后，膜层的品质及理化性能，如光泽度、耐折度、后加工适性等，均与选择的主剂有关。主剂为天然树脂的上光涂料，成膜后的透明度差，易泛黄，还易发生回黏现象；以合成树脂作主剂的上光涂料，成膜性好，光泽度和透明度高，耐磨、耐水、耐老化，而且适用性强。

（2）助剂

助剂是为改善上光涂料的理化性能和工艺特性而需加入的一些辅助物质。如为改善主剂树脂的成膜性、增加膜层内聚强度而加入的固化剂；为提高上光涂料的流平性、降低其表面张力而加入的表面活化剂；为便于上光涂料的合成和涂布操作而加入的消泡剂；为提高膜层弹性，增强耐水、耐折性能而加入的增塑剂；为提高涂料储存时的稳定性而加入的稳定剂等。

（3）溶剂

溶剂的作用是分散、溶解、稀释主剂和助剂。常用的溶剂有芳香类、酯类、醇类等。而上光涂料的毒性、气味、干燥、流平性等理化性能同溶剂的选用直接相关。芳香类溶剂蒸发热量较低、挥发速度快、溶解性能高，但该类溶剂毒性较大；酯类溶剂溶解性能好、挥发速度快、成本低，但气味较大；醇类溶剂在溶解性能、挥发速度上都不及以上两类，但是无毒、无味，没有污染。如能用水作为上光涂料的溶剂，则成本最低，来源最广，对人体无危害，且不污染环境，故近年来开发水性上光涂料正在引起国内外的高度重视。

四、UV 上光涂料

UV 上光涂料是利用 UV（Ultra Violet 的缩写，即紫外线）照射来固化的上光涂料。UV 上光涂料在一定波长的紫外光照射下，能够从液态转变为固态。

1. UV 上光涂料的组成

UV 干燥上光油和油墨主要是由齐聚物、活性稀释剂、光引发剂及其他助剂组成。

齐聚物又称低聚物，是 UV 上光油中最基本的成分。它是成膜物质，其性能对固化过程和固化膜的性质起着重要作用。从结构上看，齐聚物都为含有 C=C 不饱和双键的低分子树脂，大都为丙烯酸树脂。目前，常用于 UV 上光油中的齐聚物有环氧丙烯酸树脂、聚氨酯丙烯酸树脂和聚酯丙烯酸树脂等。环氧丙烯酸树脂具有固化速度快、价格便宜等特点，制成的上光油涂布于纸或纸板上，能使其具有良好的耐化学药品性和较高的机械强度。聚氨酯丙烯酸树脂具有柔韧性好、弹性强、光泽度高等特点，但价格较贵，常与环氧丙烯酸树脂混合使用。聚酯丙烯酸树脂黏度低，柔韧性好，价格较便宜。它对非吸收性承印物如塑料、金属等的附着力好，因此常用作这类材料的上光油，一般与其他树脂混合使用，有时可作上光油的稀释剂，用来调节环氧丙烯酸树脂和聚氨酯丙烯酸树脂的黏度。

活性稀释剂也叫交联单体，是一种功能性单体。它的作用是调节上光图层的固化速度、黏度及固化膜的性能，是各种类型 UV 上光涂料的重要组成部分。

光引发剂的功能是吸收辐射能，经过化学变化产生具有引发聚合能力的活性中间体的物质，是任何 UV 固化体系都需要的主要成分。

助剂主要用来改善油墨的性能，UV 上光涂料中常用的助剂有稳定剂、流平剂、消泡剂等。稳定剂用来减少存放时发生热聚合反应，提高 UV 上光油储存稳定性；流平剂用来改善上光膜面的流平特性，防止缩孔的产生，同时也增加上光涂层的光泽度；消泡剂主要用来防止和消除上光涂料在制造和使用过程中产生的气泡。

普通的 UV 上光油虽然不含有溶剂，但由于所用的齐聚物一般黏度都较大，为了涂布需要，必须加入低分子的活性稀释剂，它们一般都具有一定的挥发性或刺激性，对环境仍有危害。因此，目前已研制开发出水性 UV 上光油，它不必借助活性稀释剂来调节黏度，而是用水或增稠剂来控制上光油的流变性能，解决了挥发性和刺激性问题，是一种理想的环保型产品，是上光涂料今后的发展方向。

2. UV 上光涂料的固化机理

溶剂型涂料几乎都是依靠溶剂的蒸发干燥而固化，而 UV 上光涂料则是依靠紫外光的能量使其固化。UV 涂料经过紫外线照射后，其组分中的光引发剂吸收紫外线的光能，经过激发状态产生自由基，引发聚合反应发生，使上光涂料交联结膜固化。

3. UV 上光涂料的优点

UV 上光涂料在印刷纸器、商标、图片、磁带封套等的光泽加工方面得到了广泛的应用，在国外，书刊封面的光泽加工采用 UV 上光也比较普遍。UV 上光之所以被广泛采用是由其以下特点所决定的。

① 上光质量好。经 UV 上光工艺处理后的印刷品，色彩明显较其他加工方法鲜活亮丽，光泽丰满滋润，而且固化后的涂层滑爽耐磨，稳定性也好，能够用水和乙醇擦洗。

② 固化速度快。使用 UV 上光涂料上光，干燥固化速度比其他上光方式更快。

③ 污染小。由于 UV 上光油几乎不含溶剂，有机挥发大大降低，因此减少了空气污染，改善了工作环境，也减少了发生火灾的危险。

④ 成本低。UV 上光油有效成分多，挥发少，所以用量省，一般铜版纸的上光油涂布

量仅为 4g/m² 左右，成本约为覆膜成本的 60％左右。

⑤ 可回收。覆膜的纸印刷品无法回收纸张，会污染环境，而上光的印刷品可以回收造纸，从而解决了塑料复合的纸基不能回收造纸而形成的环境污染难题。

目前国内 UV 光油市场除少量由欧美进口的产品外，大部分为台湾地区生产的产品。国内生产的 UV 上光油近年来也发展很快，质量已达到较高水平。UV 上光涂料可用于整幅面上光，也可以用于局部上光。UV 上光涂料价格相对高一些，故它较适合于图书封面、药品、食品等较高档次包装印刷品上光。

五、水性上光涂料

水性上光涂料是以水基性上光油为主体的各种水性树脂涂料，包括专用上光机用水性光油、柔性版水性光油、凹版水性光油、水性磨光油（压光胶）以及水性薄膜复合胶黏剂等。水性上光涂料属于热塑型上光涂料，也属于分散型水基涂料，它也是由成膜物质、溶剂和助剂三部分组成。

（1）成膜物质

水性上光涂料的成膜物质是合成树脂和胶质。成膜物质影响和支配着深层的各种物理性能和膜层的上光品质，如光泽性、附着性、纸和油墨表面的保护耐磨性和抗水性等。

（2）溶剂

溶剂的主要作用是分散或溶解合成树脂及各类助剂。水性上光涂料的主要溶剂是水。与普通溶剂相比，水有明显不同的性能和一系列的优点：无色无味，无毒，无刺激气味，挥发性几乎为零，流平性相当好。但水作为溶剂，其挥发速度低，因此上光时需要更长的烘干时间与更高的烘干温度。

（3）助剂

助剂是为了改善水性上光涂料的理化性能和涂布工艺适性。助剂的种类很多，在使用时，应视上光涂料的种类而定，不同种类的上光涂料其助剂成分一般不同，但使用各类助剂的用量一般不应超过总量的 5％，否则将会影响上光涂料的加工适性。

新型的水性上光涂料性能稳定，干燥速度快，涂层透明、光泽好，耐磨性、耐水性、耐化学性、耐热性均达到比较满意的效果。其热封性和印后加工的适应性都比较好，而且运输方便、安全可靠。广泛用于烟草、药品、食品、化妆品等商品包装，尤其是出口商品的包装。

六、压光涂料

压光涂料与一般上光涂料一样，都是由成膜树脂、溶剂及少量助剂组成，但由于工艺特点的不同，压光树脂需要具备两个重要特点：一是要与纸张、油墨能很好地结合，同时又要能在不锈钢抛光带上很容易地剥离；二是必须要有很好的热塑性，在一定的温度和压力下能够软化，压缩变薄，有利于在经过适当冷却后定型为镜面光泽。

第三节 上光设备的调整

上光设备是专门用来对印刷品表面进行上光的设备。上光设备按其加工方式可以分为三类：一类是脱机上光设备，即印刷、上光分别在各自的专用设备上进行；另一类是联机上光设备，即将上光机组联接于印刷机组之后，当纸张完成印刷后，立即进入上光机组上光；还有一类是利用印刷机组上光，利用单张纸平版印刷机上现有的印刷机组进行上光涂布。

一、脱机上光设备

脱机上光设备上只完成上光涂布或压光的工作。根据设备组合的情况，又可分为普通脱机上光设备和组合式脱机上光设备。普通脱机上光设备指的是上光涂布机和压光机两类单机，加工时，印刷品先由上光涂布机涂敷上光涂料，待干燥后，再在压光机上压光。这类单机上光设备生产组织结构简单，设备投资少，使用灵活方便，但是增加了工序之间的运输转移工作，生产效率较低。而组合式脱机上光设备是由上光机、压光机等以积木式或其他形式组成的上光机组，这种机组的最大特点是可以根据被加工印刷品工艺性质的需要形成不同的组合形式。组合式脱机上光机组，各部分既能连成整体工作，又能分别独立工作，使用灵活，操作方便，维修容易，是印刷品上光加工的理想设备。所以，不管是普通脱机上光设备还是组合式脱机上光设备，它们主要都是由上光涂布机和压光机两类机器组成，区别是前者的上光涂布机和压光机两类机器分别工作，后者的上光涂布机和压光机两类机器组合在一起，在线联机，一道工作。

（一）上光涂布机

上光涂布机按其印刷品输入方式，可分为半自动机（手续纸）和全自动机（机械输纸）两种形式，前者结构简单、投资少、使用方便灵活，后者工作效率高、劳动强度低。按加工对象范围，可分为厚纸专用型上光机和通用型上光机。按上光涂布时干燥源的干燥机理，又可分为固体传导加热干燥和辐射加热干燥两种类型。

上光涂布机主要由输纸机构、传送机构、涂布机构、干燥机构、收纸机构以及机械传动、电器控制等系统组成，其基本结构如图 3-2 所示。这里主要介绍涂布机构和干燥机构。

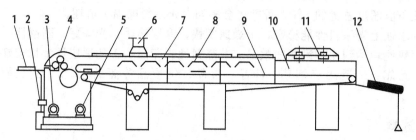

图 3-2　上光涂布机结构

1—印刷品输入台；2—涂料输送系统；3—涂布动力机构；4—涂布机构；

5—输送带传动机构；6—排气管道；7—烘干室；8—加热装置；9—印刷品输送带；

10—冷却室；11—冷却送风系统；12—印刷品收集台

1. 涂布机构

上光机涂布机构的作用是在待涂印刷品的表面均匀地涂布一层涂料。它由涂布系统和涂料输送系统组成，常见的涂布方式有：三辊直接涂布式、浸式逆转涂布式和网纹辊涂布式等。

（1）三辊直接涂布式

三辊直接涂布式机构一般由计量辊、施涂辊和衬辊等组成，其结构和工作原理如图 3-3 所示。

上光涂料由出料孔或喷嘴均匀地喷洒在计量辊与施涂辊之间，两辊反向转动，由计量辊控制施涂辊表面涂层的厚度。而后由施涂辊将其表面涂层转移涂敷到印刷品的待涂表面上。

涂布量的大小受施涂辊与计量辊之间的间隙控制，间隙小，涂层就薄。同时还受施涂辊与托辊两者间的速比控制，这个速比称为"指抹比"，其比值通常在 0.8~4 之间，该比值越大，涂布的涂料量也越大。另外，涂层的厚度还与涂料涂层的流变学性质有关，一般涂层的厚度与涂料黏度成正比例关系。

为了适应不同重量印刷品的涂布加工，涂布辊组装有压力调整机构。

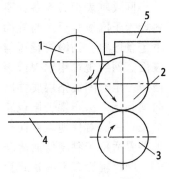

图 3-3　三辊直接涂布
1—计量辊；2—涂布辊（施涂辊）；
3—衬辊；4—输纸台；5—出料孔

（2）浸式逆转涂布式

浸式逆转涂布式机构涂布部分一般由贮料槽、上料辊、匀料辊、施涂辊和衬辊等组成。逆向辊涂布通常用三个或四个辊做同向回转，各辊同其相邻辊表面做逆向运动，施涂辊与衬辊在纸张通过时有一定线压力。

按涂料供给方式逆向辊涂布可分为从上方供料和从下方供料两种类型。前者称顶部供料逆向辊涂布，如图 3-4 所示；后者称底部供料逆向辊涂布，如图 3-5 所示。

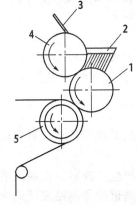

图 3-4　顶部供料逆向辊涂布
1—涂布辊；2—料槽；3—刮刀；
4—计量辊；5—衬辊

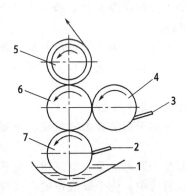

图 3-5　底部供料逆向辊涂布
1—料槽；2—刮边器；3—刮刀；4—计量辊；
5—衬辊；6—涂布辊；7—上料辊

涂料由自动输液泵送至贮料槽，上料辊浸入贮料槽中一定深度，辊表面将涂料带起并经匀料辊传至施涂辊。匀料辊的主要作用是将涂料均匀地传给施涂辊以控制涂层的厚度。而后施涂辊将涂料涂布转移到印刷品的被涂表面上。

涂布量的改变可通过调整各辊组间的工作间隙，或改变涂布机速以及涂料的流变特性等方法来实现。

（3）网纹辊涂布式

这种上光方式类似于柔性版印刷，采用刮刀和网纹辊上光。如图 3-6 所示，上料辊从料槽中黏附涂料后，与中间的网纹辊接触，将涂料转涂于网纹辊上，再经网纹辊转给上光滚筒进行上光。

上料辊为包胶辊，单独传动，低速回转，同网纹辊有极微间隙。

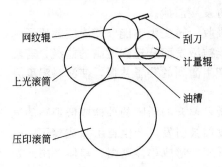

网纹辊
刮刀
计量辊
上光滚筒
油槽
压印滚筒

图 3-6　网纹辊刮刀式示意图

网纹辊表面具有各种不同规格的纹路，最常用的有钻石型和龟甲型两种。当上料辊将涂料转涂于网纹辊后，与辊面相接触的刮刀将多余的涂料刮下，只在网纹辊表面纹路凹槽内留下定量涂料。当网纹辊再与包胶涂布辊接触时，又将凹槽内定量的涂料大部分转涂到涂布辊表面。网纹辊可用钢辊或铜辊。辊面网纹可用雕刻法、腐蚀法或辊压法制出，然后镀铬。当使用一定时间镀铬层腐蚀后，可再行镀铬。涂布辊转向与纸张行进方向一致，所有相邻辊转向均相反。涂布辊表面包胶，涂布辊的作用是将从网纹辊接收来的定量涂料转涂到纸面上。纸张另一面对称地装有同样包胶的衬辊。网纹辊可以直接浸在料槽中而节省一根挂料辊，这种装置适用于黏度低而流动性好的上光涂料涂布，涂布往往不均匀。

网纹辊涂布有两辊式涂布、三辊式涂布和四辊式涂布三种。

两辊式涂布是以网纹辊兼作上料辊和涂布辊，由料槽挂料后侧面刮刀将过量涂料刮下，而后将网纹辊面凹槽中留下的涂料转涂到纸面上，衬辊也为包胶辊。这种涂布方法涂层不均匀，甚至在纸面上显示出花纹。

三辊式涂布是在网纹辊与衬辊之间增加一个包胶涂布辊，与两辊式涂布相比涂布质量要好一些，但上光涂料的黏度要低一些，流动性好，对提高涂布质量有好处。

四辊式涂布的涂层均匀，涂布质量好，涂料黏度和流动性适应范围大。

网纹辊的表面布满均匀、规则的网穴，所以上光油的转移量是固定的，上光涂层厚度和均匀性能够得到精确的控制。这是网纹辊刮刀式上光较双辊或三辊式上光的最大优势。其缺点是：在改变上光涂层厚度时，必须更换不同规格的网纹辊。

2. 干燥机构

干燥机构的作用是为了加速涂料的干燥结膜，以实现上光涂布机的连续性涂布。根据其干燥机理不同，干燥的形式可以分为固体传导加热干燥、辐射加热干燥及电子束（EB）干燥等。

（1）固体传导加热干燥

固体传导加热干燥装置由加热源、电器控制系统、通风系统等构成，是目前常用的加热干燥形式。

其干燥源为普通电热管、电热律、电热板等。干燥源产生热能后，由通风系统将热能送入密封的干燥通道中，使干燥通道的空气温度升高。进入通道的印刷品表面的涂层受到周围高温空气的影响，其分子运动加剧，从而使涂层中的溶剂挥发速率增大，达到迅速干燥成膜的目的。

这类干燥装置结构简单，成本低，使用与维修都十分方便；但是其干燥效率不高，能量消耗大。

（2）辐射加热干燥

辐射加热干燥有红外线辐射、紫外线辐射、微波辐射等。这类干燥装置一般由辐射源、反射器、控制系统以及其他系统构成。这种干燥方式很有发展前途。

红外线干燥机理是：进入涂层的红外线部分被涂层吸收，转变为热能，使涂层的原子和分子在受热时运动加剧，原物质中处于基态的电子有可能被激发而跃迁到更高的能级，若红外线的波数恰好与涂料分子中电子跃迁的波数相同，则产生激烈的分子共振，使涂料温度升高，起到加速干燥的作用。

可被紫外线辐射干燥的上光涂料，是一些能自由基激发聚合的活跃的单体或低聚物的混合物。在干燥过程中，上光涂料经紫外光辐射后，光引发剂被引发，产生自由基或离子；这些自由基或离子与预聚体或不饱和单体中的双键起交联反应，形成单体基团，单体基团开始链锁反应聚合成固体高分子，从而完成上光涂料的干燥过程。

（3）电子束（EB）干燥

近年来国外发达国家将原应用在穿孔、刻槽、切割等机械加工方面的电子束加工工艺运用到多色高效印刷工艺生产中，从而出现了一种新型能源转换加工手段——电子束干燥处理方式。电子束（EB）即通过电真空器件产生的汇聚、密集并具有一定方向的电子流。当电子束冲击到工件时，动能变为热能，产生极高的温度，可使任何材料瞬时熔化或气化。电子束干燥处理技术被科学界认为是近期具有最佳处理一致性的干燥技术，它可使油墨、上光涂料最大程度地交联和聚合，而无后固体和溶剂残留，同时热能的利用率最高。

电子束固化使用专门的 EB 涂料，比 UV 涂料便宜，固化能耗低，仅为普通上光涂料能耗的 1％。EB 设备很昂贵，适用于对平面涂料的固化。固化中会产生 X 射线，需用铅或混凝土屏蔽。

大多数高速生产流水线印刷作业要求油墨、胶黏剂和上光涂料在机组上即达到干燥。单独运用电子束作为干燥处理手段，在价格和空间利用上并不经济。

（二）压光机

压光机是上光涂布机的配套设备，涂布在印品表面的涂料层干燥后再经压光机压光，可大大提高上光涂层的平滑度和光泽度。压光机主要由印品输送机构、机械传动、电器控制系统等部分组成，其基本结构如图 3-7 所示。

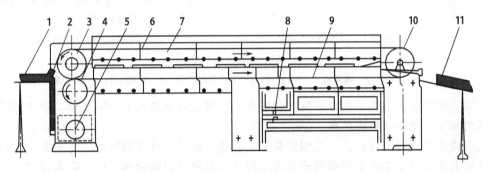

图 3-7　压光机结构
1—印品输送台；2—高压油泵；3—热压辊；4—加压辊；5—调速电机；
6—压光钢带；7—冷却箱；8—冷却水槽；9—通风系统；10—传输辊；11—印品收集台

压光机的工作方式一般为连续滚压式。压光过程中印刷品由输纸台输入加热辊和加压辊之间的压光带，在热量和压力的作用下，涂料层贴附于压光带表面被压光。压光后的涂料层逐渐冷却形成一层光亮的表面层。压光带是经特殊处理的不锈钢环状钢带，在传动机构驱动下做定向、定速转动，它的松紧度可由张紧机构随意调整。热压辊内部装有多组远红外加热源，压光的温度可以由电器控制系统任意调节。加压辊压力多采用电气液压式调压系统，在压光过程中可以实现对压光压力的准确控制与调节。压光速度由调速驱动电机或滑差电机经减速系统控制，可根据不同的压光加工要求实现无级变速。

二、联机上光设备

联机上光设备是当印刷纸张完成印刷后立即进入上光机组上光。这种上光机组由多色印刷部（一般为胶印）和上光部组成。印刷机独立上光机组是常用的联机上光装置，生产效率高，上光质量稳定，上光单元像印刷装置一样全部都是由印刷机控制中心进行监测和控制，如无需停机快速的上光树脂版横向和周向套准、对角线套准机构等，其无级调节的精度高达 0.01mm。上光装置可以为承印物的整个表面或局部图文进行厚而均匀的上光，上光既可用橡皮布也可以用柔性版进行精细的局部上光，既可水性上光也可紫外线上光，另外上光滚筒清洗装置可在印刷单元橡皮布自动清洗时自动清洗上光滚筒的橡皮布。联机上光装置可分为辊式上光和箱式上光两种。

（一）辊式上光装置

辊式上光装置是常见上光装置之一。

1. 高宝 KBA RAPIDA105 型机辊式上光装置

高宝 KBA RAPIDA105 型机上光机组可作为顺向运转的两辊式系统，也可作为逆向运转的三辊式系统使用。如图 3-8（a）所示。

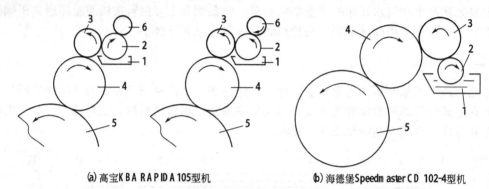

(a) 高宝KBA RAPIDA105型机　　(b) 海德堡Speedmaster CD 102-4型机

图 3-8　辊式上光装置

1—液斗辊盘；2—液斗辊；3—着液辊；4—上光涂布滚筒；5—压印滚筒；6—计量辊

两辊式顺向运转工作时，计量辊 6 被脱开，这时上光液通过上光液斗辊 2 和着液辊 3 之间的压力调节上光量，结构简单。

三辊式逆向运转工作时，上光滚筒和液斗辊逆向运转，可得到很好的光亮度，同时在使用高黏度上光液时不必过于提高辊子间的压力来达到薄而匀的涂布目的。这种辊式上光装置具有以下特点。

① 上光液从液斗盘到上光滚筒的传递路线非常短，接触点少，是直接从液斗辊传给上光涂布滚筒，这样上光液不易在上光单元内部干结，可使用快干上光液。

② 即使传递触点少，也可使很厚的上光液能均匀传递，上光液湿膜最厚达 $8g/m^2$，上光液干后厚度也可达 $3\sim4g/m^2$，上光厚度可以由液斗辊转速控制而发生变化，上光膜厚度会受到印刷速度影响。

③ 更换作业或换上光液的操作简单方便。

④ 辊式上光装置适合大面积全面上光，不适合局部上光。

⑤ 水性上光应用领域相当宽，不需要特殊设备。

⑥ 不适合金属色的上光。

2. 海德堡 Speedmaster CD 102-4 型机、罗兰 ROLAND 700 型机、三菱 DIAMOND3000 型机、小森 LITHRONE40 型机辊式上光装置

这些装置基本相同，如图 3-8（b）所示。

这类印刷机联机上光单元的上光量、压力等均是由印刷机控制中心进行控制的，像海德堡印刷机上光装置的上光液供给机构可控制上光液供应的全过程。上光液由电子双隔膜从贮液桶中经过软管抽送到上光液斗盘中。液面高度和上光液的循环由电位计持续监控，确保上光液均匀供给，超声波监测器可随时监控上光液的上光量。

这种辊式上光装置具有以下特点。

① 水性上光应用领域相当宽。

② 上光量可以变化，控制成本较高。

③ 可根据上光速度提供高度的灵活性。

④ 无需进行额外的开机准备，也不需要网纹辊，即可以轻松完成任意厚度的上光作业。

⑤ 广泛应用于商务印刷中的局部上光和全面保护性上光。

⑥ 上光网点距离太近，容易相互粘连。

⑦ 不适合金属色的上光。

（二）传统的刮刀式上光装置

刮刀式上光装置是一种常见的上光装置。它通常由两个上光刮刀组成的封闭刀片箱及起计量辊作用的陶瓷网纹辊组成。上、下刮刀与网纹辊组成封闭的"上光箱"，上光液经管线泵入。海德堡 Speed-master CD 102 系列、罗兰 ROLAND 700 系列、高宝 KBA RAPIDA105 系列、三菱 DIAMOND 3000 系列、小森 LITHRONE40 系列等均带有刮刀式上光装置，它们的结构也基本相同，如图 3-9 所示为海德堡 Speedmaster CD 102-4 型机刮刀式上光装置。刮刀式上光装置的特点如下。

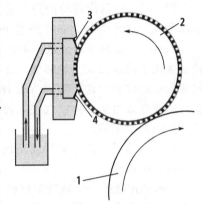

图 3-9　海德堡 Speedmaster CD 102-4
型机刮刀式上光装置
1—上光涂布滚筒；2—网纹辊；
3—上刮刀；4—下刮刀

① 优异、恒定的上光质量。刮刀式上光结构中的上、下刮刀以气动方式与网纹辊离合。由于上刮刀的作用，可使上光液的涂布量均匀一致，不受印刷速度变化的影响，即使是连续多日的印刷作业上光效果也能保持恒定一致。传统上光结构中由于涂层厚度变化而带来的色调变化在此结构中已不复存在。

② 有利环保。刮刀式上光结构是一个闭合系统，只需很少量的上光液量循环，也不存在异味散发的问题，要清理的废料也被减少到最低程度。

③ 上光经济性更强。一般在换版作业时，上光液可直接用清洗剂清洗。只有在由普通上光转换为金色或银色上光时才需手工清洗刮刀系统。如果采用多个这样的刮刀式上光装置替换使用，换版和清洗作业时间可进一步缩短。选用合适的自动清洗装置也能大大提高工作效率。

④ 上光量不受印刷速度的影响，网纹辊密度愈低，上光厚度愈厚，但不利于高网线印刷。

⑤ 结构为一封闭系统，即使使用极低黏度的上光液，也可在高速印刷的同时进行上光。

⑥ 正是由于使用了网纹辊，可在纸张的整个宽度上很精确地以设定的上光液层厚度进行上光，保证印刷品有稳定的上光效果，特别对薄纸上光时控制上光涂布量为最低范围，同时又能涂布均匀。涂层厚度的改变是由网纹辊的网线疏密决定的。

⑦ 上光印金。这种上光装置能适应含有不同元素成分的金银色的上光印金，达到相当高的耐磨性。

⑧ 精细局部上光效果非常好，在精细局部上光时具备出色的细节再现能力。

（三）辊式上光装置与传统的刮刀式上光装置的比较

辊式上光装置与传统的刮刀式上光装置的比较见表 3-1。

表 3-1 辊式上光装置与传统的刮刀式上光装置的比较

项　目	辊式上光装置	刮刀式上光装置
最佳应用	大面积或区域上光	需要精密、稳定与位置准确的上光
上光领域	不适合金属与珍珠色上光	无限制
上光量	最高 3～12g/mm^2	依所能带出的最大量
上光液控制方式	依滚轮设定的速度	依所使用陶瓷的网目数
速度修正补偿	可依上光曲线自动调整	上光量恒定,不受速度影响

（四）Flexokit 柔印套件

Flexokit 是以传统的刮刀式上光装置为基础的，改善了传统的刮刀式上光装置，并带来了革命性的技术创新。它特别适用于需要大量进行特种上光的印刷活件。

Flexokit 是为满足金色、银色、珍珠色以及不透明的白和紫外上光等特种上光需要而设计的优化了的刮刀式上光装置。这种网纹辊由一个经三重螺旋雕刻的金属辊制成，其表面排列螺旋形的纹路，这能够确保最佳的光油吸取及传送量。箱中的气压保持比大气压稍高一些，这能有效阻止外界空气侵入而导致光油发泡，因此，Flexokit 特别适合于使用 Metalure 等易起泡的上光油。

加压的箱子还确保了网纹辊最佳的光油吸取量。它使本已达到均匀涂布的传统箱式刮刀技术更上一层楼。

Flexokit 通过一个软管泵进行光油的供给。在这种类型的泵中，光油只接触到软管，而不会接触泵本身，这就意味着所需的清洁工作大大减少。此外，软管泵可用来把输送线路中残留的光油送回油罐中，这不仅减少了清洁工作量，而且能够最大限度节约昂贵光油的消耗量。唯一的磨损件是泵的一小段软管，它的更换非常简单、迅速。如果传感器检测出软管上出现裂缝，会立即停止泵的运转并报警。

（五）几种常见的联机上光印刷机

在实际的印刷生产过程中，印刷企业根据自身条件和能力等实际情况，可向印刷机制造商度身定制带有上光与干燥装置的印刷机。具有上光机组和在收纸装置中装备了干燥装置的机器可在印刷速度不受影响的情况下进行亮光或亚光上光作业。既可使用印版上光，也可使用橡皮布上光，在操纵台上进行调节可保证上光优异和套准精度，最后可保证上光表面到达收纸堆前能良好地干燥。

1. 单张纸平版印刷机干燥装置设置的位置与作用

单张纸平版印刷机干燥装置设置的位置如图 3-10 所示，一般情况下大致有以下几种形式。

① 印刷机组之间的干燥装置。主要用于 UV 印刷，保证印迹油墨在纸张到达下一个印刷机组之前能完全干燥。

② 非印刷机组之间的干燥装置。可安装在印刷机组和上光机组之间或两个上光机组之间，保证上光之前油墨完全干燥或第二次上光前第一次上光液完全干燥。

③ 扩展形收纸的干燥装置。加长干燥装置是改善上光干燥效果的很好途径。这种装置

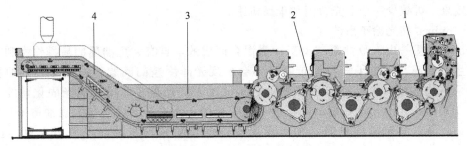

图 3-10 单张纸平版印刷机干燥装置的设置位置

1—印刷机组之间的干燥装置；2—非印刷机组之间的干燥装置；3—扩展形收纸的干燥装置；4—曲形干燥装置

最适合用于水性上光液和 UV 上光液的涂布。

④ 曲形干燥装置。这种干燥装置通常安装在收纸部分区域，由几个红外灯组成，用于快速干燥传统油墨。

2. 印刷机组和上光涂布机组的组合

（1）印刷机组加一个上光涂布机组

一般有三种情形：大豆油墨＋水性上光、大豆油墨＋UV 上光、UV 油墨＋UV 上光。三者的优缺点见表 3-2。

表 3-2 三种情形的上光优缺点

底层油墨	上光涂料	费用	生产效率	耐磨性	光泽度	特 点
大豆油墨	水性	合算	高	一般	好	光泽度一般，不喷粉
大豆油墨	UV	较高	高	好	差至好	耐磨、耐压痕
UV 油墨	UV	较高	高	好	好	高光泽度、耐磨

① 大豆油墨＋水性上光。这种方式具有易掌握、费用低的优点，应用最广。特点如下：多色印刷后立即进行全面或局部水性上光能间接防止油墨反印、能有效减少喷粉使用、水性上光环保无危险、干燥后无臭无味、适合食品包装印刷、上光后承印物表面不会日久发黄等。

② UV 油墨＋UV 上光。这种方式具有耐磨性好、高光泽度等优点，特别适合包装产品方面，但其 UV 油墨价格贵，而且还需专门的 UV 橡皮布、UV PS 版、UV 墨胶辊及 UV 清洗剂，总的来讲还是会有一定的发展。

③ 大豆油墨＋UV 上光。这种方式既能降低费用又兼有 UV 上光的优点，但光泽度不好。

（2）印刷机组加两个上光涂布机组

通常情况下是大豆油墨＋水性上光＋UV 上光，可获得高光泽度的表面加工效果，在欧美发达国家普遍使用。第一个上光机组进行传统油墨上的水性涂底，传统油墨预先使用红外线干燥，水性涂底在氧化干燥型油墨与第二上光机组的 UV 光油之间形成一个隔离层，可以在很大程度上避免油墨在氧化干燥过程中与第二个上光机组的 UV 上光油发生任何不良反应（即回缩效果），从而有效地保证了 UV 光油的高光泽度；采用刮刀式上光装置，可保障确定的、均匀的底层涂布量。此涂层隔离油墨与 UV 上光涂料发生化学反应，同时起到将印刷品上印刷图文与非图文的微观凹凸填平的作用。第二个上光机组是 UV 上光，它采用双辊式上光装置，可使涂布的 UV 上光涂布量有所变化，并可获得均匀的涂层。但是与一个上光机组相比，上光效果更好，但多了一个上光机组和干燥装置。目前开发出一种新型油墨叫 hybrid 油墨，使用这种油墨后，只需一个 UV 上光机组就能达到使用两个上光涂布机组的效果，可减少一个上光机组和干燥机组。

（3）hybrid 高光涂布系统

hybrid 油墨是由大豆油墨与 UV 油墨混合而成的，具有大豆油墨的易操作性和 UV 油墨的高生产效率，联机印刷与涂布时也不会出现光泽度差的问题。使用 hybrid 油墨的联机涂布系统通过在印刷机组与涂布机组之间设置 UV 光源使油墨表面光固化，经 UV 上光，使 UV 涂料光固化。印刷后油墨内部经氧化聚合而逐渐干燥。与大豆油墨＋UV 上光方式相比，其产品光泽度更好，也不需要专门的 UV 系列材料，跟使用大豆油墨一样方便。

新开发的系统"DAICURE Hy-Bryte System"的 UV 油墨与普通的 hybrid 油墨不一样。普通的 hybrid 油墨由大豆油墨和 UV 油墨相混而成，干燥分为表面光固化与内部的氧化聚合两个阶段来实现。"DAICURE Hy-Bryte System"的 UV 油墨是通过提高其所使用的 UV 油墨在轻油中的溶解能力，不需要专门的 UV 系列材料，油墨与 UV 上光涂料同步固化。这种油墨不含有氧化聚合的物质及 VOC 干燥剂、溶剂等物质，在联机上光时有良好的稳定性，同时有利于环保。

3. 单张纸平版印刷机上光与干燥装置常见的几种类型

以海德堡 Speedmaster CD 102-4 型机为例说明，如图 3-11 所示。

L——表示印刷机带有上光装置。

X——表示印刷机带有加长距离的收纸装置中有干燥装置。

Y——表示印刷机组与上光机组之间有一个干燥装置。

从以上几种装置的设置情况来看，按照所列的顺序，每后一种设置比前一种设置要好，要求要高，上光涂布与干燥的效果要好。

对于图 3-11（a）所示 L 型印刷机，它是最简单的上光设备配置，不适宜用于要求苛刻的上光产品。适合承印一般书刊的封面、普通的说明书和年鉴年刊等一些短版的印刷品。

对于图 3-11（b）所示 L（X）型印刷机，它具有上光机组和在加长收纸装置中装备干燥装置的机器配置。适合承印一般的产品商标、广告小册子等印刷品。

对于图 3-11（c）所示 YL（X）型印刷机，承印物经过印刷机组之后，须经过干燥装置的干燥后进入上光涂布，再通过加长收纸装置中的干燥装置，最后到达收纸台。适合承印一些药品的包装、牙膏肥皂盒的包装及 CD 盘的封面等印刷品。

对于图 3-11（d）所示 LYL（X）型印刷机，承印物经过两次上光，两个上光机组之间加装了一个干燥装置，再通过加长收纸装置中的干燥装置，最后到达收纸台，可取得不同种类的打底金属效果（如印金或银）。适合承印一些较高要求的长版印刷品，如化妆品的包装、香烟的包装、高档食品的包装等。

对于图 3-11（e）所示 LYLY（X）型印刷机，承印物经过两次上光，每个上光机组后都加装了一个干燥装置，再通过加长收纸装置中的干燥装置，最后到达收纸台，可取得不同种类的打底金属效果（如印金或银）。

对于图 3-11（f）所示 YLYL（X）型印刷机，承印物经过两次上光，两个上光机组之间加装了一个干燥装置，再通过加长收纸装置中的干燥装置，最后到达收纸台。

对于图 3-11（g）所示 LYYL（X）型印刷机，承印物经过两次上光，两个上光机组之间加装了两个上光干燥装置，使上光机组的干燥路线更长，这样在第二个上光机组中干湿度达到最佳，再通过加长收纸装置中的干燥装置，最后到达收纸台，可在高速运行时达到最佳光泽。适合承印最高品质的包装印刷品、商标印刷品和商业印刷品。

对于图 3-11（e）～（g）所示印刷机，机型相差不多，只是位置变化了，要根据实际生产

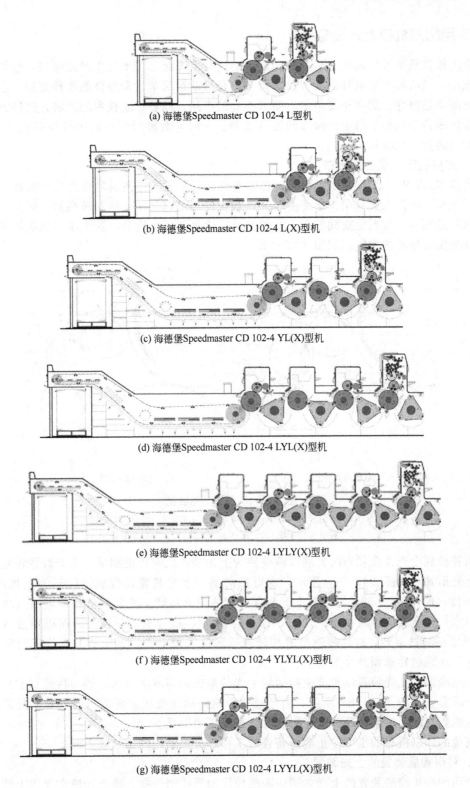

(a) 海德堡Speedmaster CD 102-4 L型机

(b) 海德堡Speedmaster CD 102-4 L(X)型机

(c) 海德堡Speedmaster CD 102-4 YL(X)型机

(d) 海德堡Speedmaster CD 102-4 LYL(X)型机

(e) 海德堡Speedmaster CD 102-4 LYLY(X)型机

(f) 海德堡Speedmaster CD 102-4 YLYL(X)型机

(g) 海德堡Speedmaster CD 102-4 LYYL(X)型机

图 3-11　常见海德堡 Speedmaster CD 102-4 型机上光与干燥装置

情况选择不同的机型，适应不同印刷要求。它们适合承印一些要求很高的印刷品，如很高档的高价化妆品盒包装、香烟盒包装、酒盒包装等。

三、利用印刷机组上光设备

利用单张纸平版印刷机上现有的印刷机组进行上光涂布，不仅生产效率高，印刷机的占地面积小，同时可节省额外的投资设备资金，是目前最简单、最经济的选择方案。当然上光涂布效果不是很好，适宜于简单的、要求不高的产品。随着印刷技术的发展，这种方式是现代单张纸多色平版印刷机上光涂布的发展趋势。一般有两种形式：利用润湿装置上光涂布、利用输墨装置上光涂布。

1. 利用润湿装置上光涂布

高宝 KBA RAPIDA 单张纸平版多色印刷机，可配置能转换润湿与上光的装置，对承印物进行上光，操作人员只用少量的手工操作很快便可把润湿作业状态转换到上光作业状态运转，即可根据实际情况变换润湿与上光的功能。这里要指出的是，这个印刷机组的输墨装置仍然完全保留输墨的功能。如图 3-12 所示。

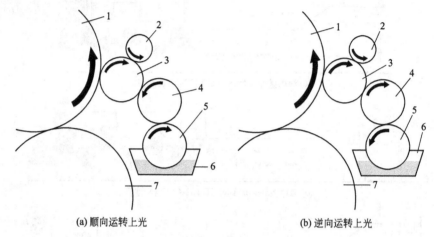

(a) 顺向运转上光　　　　　　　　　(b) 逆向运转上光

图 3-12　润湿与上光装置

1—印版滚筒；2—计量辊；3—着液（水）辊；4—传液（水）辊；

5—液（水）斗辊；6—液（水）斗盘；7—橡皮布滚筒

当转换到上光作业状态时，润湿液变换为上光液，此时可把润湿与上光装置设置成顺向运转上光形式，如图 3-12（a）所示；也可把润湿与上光装置设置成逆向运转上光的形式，如图 3-12（b）所示。若是润湿与上光装置设置成逆向运转上光的形式，即着液（水）辊与传液（水）辊呈逆向运转状态。如图 3-12（a）所示，液（水）斗辊的转速以传液（水）辊 1/3～2/3 的转速运转，这样就通过这种转速差形成了预上光，真正的上光量还是需要通过液（水）斗辊的转速调整来实现。

若把润湿与上光装置设置成逆向运转上光的形式，即着液（水）辊与传液（水）辊呈逆向运转状态，如图 3-12（b）所示，可通过这种逆向运转处理达到更为均匀的上光膜和更好地消除鬼影现象，特别在局部上光时这种优越性更为明显。

其他的印刷机有的也可停止输墨装置的工作，直接利用润湿装置上光。

2. 利用输墨装置的上光装置

利用印刷机输墨装置的上光如同印刷机使用油墨印刷一样，将上光液在墨辊上转匀后便可进行上光，上光液经过传递先被转移到印版上，再由印版转移到橡皮布上，最后再转移到承印物上。为适应各种印刷上光的要求，利用输墨装置上光的专用上光液有油性、水性和紫外线等几种形式来满足不同承印物的上光要求。这时这个机组的润湿装置就不工作了。

3. 印刷机组转换上光机组

海德堡 Speedmaster CD 102 系列印刷机可带一种独特的模块上光系统（MCS），它可以将刮刀式上光系统迅速插入最后一个印刷机组中，取代橡皮布清洗机构，转而进行保护性、高光或亚光上光作业，其装拆十分简便易行。

MCS 的软管泵具有速度补偿功能，使得上光油盘中的光油储存量能恰好准确地满足网纹辊正常工作，以确保获得均匀一致的上光效果。

第四节　上光工艺过程与控制

印刷品上光工艺过程是将上光涂料涂布于印刷品表面流平干燥的过程，此外还可以利用压光机进行压光，增加印刷品的光泽效果。印刷品的上光工艺，按其所采用的上光设备不同，可分为脱机上光（专用上光机上光、印刷机上光）工艺、印刷机组上光工艺和联机上光工艺；按上光效果，可分为整幅面上光、局部上光、消光（亚光）和特效上光；而根据上光涂料品种不同，则可分为溶剂型涂料上光工艺、水性涂料上光工艺、涂料压光工艺、UV 涂料上光工艺。

一、溶剂型涂料上光

溶剂型涂料上光是使用最早的一种上光工艺。在 20 世纪 40 年代末，溶剂型上光已经开始用于印刷品上光。虽然溶剂型上光存在一定缺陷，如耐磨性、干燥性、回黏性等略差，有机溶剂的挥发和残留影响环境保护和人体健康，但是它具有成本低、操作工艺简单、投资少的特点，能够满足大量印刷品的上光需求，在国内外仍占有一定的市场。

1. 溶剂型涂料上光的特点

① 溶剂型涂料上光的成膜物质属热塑性树脂，受热时树脂软化有流动性，冷却后树脂又可以固化。

② 溶剂型涂料上光涂层的干燥主要依靠有机溶剂挥发干燥成膜，成膜品质取决于成膜树脂和溶剂的挥发速度与挥发量，溶剂挥发速度快、挥发量高，涂层的干燥性能就好。

③ 溶剂型涂料上光涂层的干燥方式，采用红外加热、热风干燥或微波干燥等。

④ 溶剂型涂料上光可以满足全面上光、局部上光、光泽型上光、亚光、特殊涂层上光（如防潮、防霉、滑爽等）等特殊上光要求。

⑤ 溶剂型涂料上光可以印刷机上光，也可以用专用上光剂辊涂上光。

⑥ 溶剂型涂料上光工艺简单、操作方便、应用面广、成本低廉，但上光质量一般，适合大宗印刷品的上光加工。

2. 溶剂型涂料上光工艺

溶剂型涂料的上光工艺过程就是采用一定的方式在印刷品表面均匀地涂布一层上光涂料的过程，其工艺过程为：送纸→涂布上光涂料→固化→收纸。

涂布的方式主要有专用上光涂布机上光、印刷上光和喷刷上光三种方式。

（1）上光涂布机上光

上光涂布机上光是目前应用最普遍的方式。上光涂布机安装有涂布装置、干燥装置、印刷品输入与输出装置，适应各种类型上光涂料的涂布。涂布中可准确实现涂布量、涂布速度、干燥温度与涂布压力的控制与调节，因此涂布质量稳定可靠，适合各种档次印刷品的上光涂布加工。

（2）印刷上光

印刷上光通常利用印刷机组经过改造后用作上光涂料的涂布。上光涂布时，利用上光涂料来代替油墨，贮放在墨斗中，经输墨系统传递至印版，通过印版将上光涂料涂布至印刷品上。印版一般采用实地版，根据印刷品上光的不同要求涂布一次或两次上光涂料。印刷涂布上光一般采用溶剂型上光油，因为该类上光油通过挥发进行干燥，干燥速度快，性能较好。印刷涂布上光时，要注意溶剂的挥发对上光的影响。由于采用溶剂型上光涂料，上光过程中溶剂极容易挥发，导致上光涂料的黏度值增大，易发生结膜现象，严重影响上光处理的质量，因此在添加上光涂料时要注意每次少加，增加次数，保证涂料黏度的稳定性。

（3）喷刷上光

喷刷上光一般分为喷雾上光涂布和涂刷上光涂布两种方法。此类方法均为手工操作，速度慢，涂布质量较差，不宜控制涂布量，但是具有操作简单方便、比较灵活的优点，适用于表面粗糙或凹凸不平的印刷品如瓦楞纸或各类异形印刷品及低档印刷品的上光涂布。

3. 溶剂型涂料上光的质量要求

为了获得理想的上光效果，在涂料上光中，对上光涂布层有一定的质量要求。

① 上光图层要均匀，无沙眼、气泡等现象。

② 涂布量要适量，要根据印刷品的要求涂布适量的上光涂料，要保证涂布工艺中的干燥温度、涂布速度等条件，保证图层能顺利干燥结膜。

③ 图层要与印刷油墨有良好的相容性，不受印刷油墨性能、印刷图文面积大小及油墨层的厚度影响，此外还要与印刷品表面有一定的黏合力。

④ 如果后期还要进行压光，则要求图层在压光过程中能黏附于压光带的表面，又能在冷却后顺利地被剥离。

二、水性涂料上光

水性涂料上光是以水溶性树脂或不同类型的水分散性树脂作为成膜物质的上光方法。水性涂料上光涂布方法有柔性版水性上光涂布和胶印版水性上光涂布。

1. 水性涂料上光的特点

① 无毒、无污染、无残留气味。水性涂料上光的最大特点就是无毒、无污染、无残留气味。水性上光涂料以水为溶剂，减少了有机挥发物的排放，防止了对大气的污染，改善了上光工作环境，有利于职业健康。

② 干燥迅速、生产效率高。新型的丙烯酸酯体系的水性上光涂料一般可达到 $200m/min$ 左右的干燥速度，甚至更高。水性涂料上光可使用红外线干燥的涂布上光机上光，也可采用高速的柔印机、凹印机、胶印机进行联机上光。

③ 优异的表面性能。水性上光涂料不仅安全环保，而且其主要性能已经达到或超过传统的溶剂型上光涂料的水平。水性上光涂料属低黏度、高固含量产品，因此具有良好的光泽性和流动性，而且干燥成膜后具有很好的抗水性、附着力及滑爽耐磨等性能。水性上光涂料还具有良好的热封性能。

④ 适用多种承印物。水性涂料上光可以用于纸张、纸板、铝箔、金银卡纸盒真空镀铝纸的上光，而且目前也已经可以应用于聚烯烃（如 PE、BOPP、PET、PVC 等）表面的上光。

⑤ 成本低、使用方便。水性上光涂料可以用水稀释，使用非常方便，而且综合成本也较低。

⑥ 上光过程不易引起油墨变色。水性上光涂料与绝大多数油墨具有广泛和良好的亲和性，可以在油墨没有彻底干燥的情况下进行上光，而且由于水性上光涂料通常不会溶蚀油墨，所以不易引起油墨变色。

2. 水性涂料上光工艺

水性涂料上光工艺与溶剂型涂料上光一样，工艺过程都是：送纸→涂布上光涂料→固化→收纸。水性涂料上光的涂布方式主要采用柔性版印刷上光和胶印机印刷上光。

3. 水性涂料上光工艺要求

水性涂料上光的质量取决于水性光油的质量、印刷品的上光适性和涂布工艺过程的控制，同时也要根据不同的上光方式、不同的印刷载体和不同的产品要求进行综合调整，才能取得良好的上光效果。对于水性涂料上光，除了与其他上光方法共同的要求以外，还应注意以下几个问题。

（1）水性光油的固含量

质量优良的水性上光油应该是低黏度、高固含量的产品。如前所述，水性成膜物质是决定水性上光的光泽和物性的关键，因为溶剂（水和醇）和部分助剂在涂布干燥过程中基本都挥发到空气中，留在印刷品表面起反应上光效果的有效成分主要是成膜树脂，也就是这里所说的固含量。水性光油与 UV 光油不同，黏度大小并不能完全反应固含量的高低，黏度低固含量高即有效成分多的水性光油比较理想。光油的调整稀释及涂布过程都必须保证光油必要的固含量，否则上光效果就难以保证。目前一般实际使用的光油固含量，根据产品的不同，大约在 25%～45%。目前检测水性光油固含量一般采用减量法，即用分析天平称取一定量的水性光油，在 120～150℃的恒温烘箱中烘 2h，冷却后再用分析天平称量，两数相减，即得固含量。

（2）水性光油的黏度和 pH 值

水性光油在涂布生产过程中的控制，实际上主要是对黏度和 pH 值的控制和调节。在上光全过程中，必须保持水性光油黏度和 pH 值的稳定，以确保流平性好、均匀一致的平滑光亮的涂层。在水性上光过程中，由于光油中的水、醇和氨（胺）的不断挥发，光油的黏度会逐渐增大变稠，pH 值相应降低，需要根据变化规律定时适量地进行稀释和补加 pH 稳定剂。水性光油的稀释可以采用水、水和醇（主要是乙醇或异丙醇）的混合物，根据国内外的使用经验，水和醇的 1:1 混合液进行稀释效果最好，因为其降黏效果明显，而且可以保持干燥速度和减少气泡。水性光油的 pH 值一般应保持在 8.5 左右，pH 值过低会影响光油的水溶性，造成清洗和涂布困难，pH 值过高则会影响干燥性能和成膜性能。

（3）印刷品的水性上光适性

水性涂料上光对印刷品纸张上光适性的要求与其他上光方式的要求是一致的，表面粗糙、吸收性太强的纸张同样不适合水性上光，必要时也可以先上底胶填充纸张纤维毛孔，再上光油。过去水性涂料上光容易引起纸张伸缩，发生卷曲等现象，这些现象由于水性光油的进步已基本得到克服。但在使用薄纸上光时，对水性光油的品种要有所选择，并事先进行试验。水性光油对印刷品表面油墨的上光适性要比 UV 光油优越得多，由于可以进行湿叠湿的上光，对绝大多数油墨具有广泛的亲和力，所以广泛用于联机上光，特别是胶印印刷的联机上光。但就上光质量而言，则仍然要求印刷油墨在上光前尽可能干燥，因为在过湿的湿油墨表面上光后往往容易发生"失光"（即光泽减退）和"应力龟裂"（即较厚的大面积油墨实地表面光油出现裂纹）等故障，而且湿叠干的上光比湿叠湿的上光具有更高的光泽效果和更优异的涂层性能。水性光油具有透明、无味、不泛黄、结膜干燥快、耐烟包热封、不起"水雾"等优势，已经使水性涂料上光成为目前国内烟包印刷上光的主要上光方式。

（4）水性涂料上光的助剂使用

水性光油和水性油墨一样有不少性能优异的助剂，用以改善光油的使用性能和成膜性能，使上光涂布过程更加稳定和顺利，使上光后的涂层更加适应上光产品的要求。

水性光油助剂的品种很多，有 pH 稳定剂、稀释剂、慢干剂、促干剂、流平剂、滑爽剂、消泡剂、防霉杀菌剂、增稠剂、附着力促进剂等，可以根据不同的需要有选择地使用。例如 pH 稳定剂，这是水性材料特有的助剂，主要用于提高和稳定水性光油的 pH 值，同时又能起到降低光油黏度的效果，可以定时定量地少量加入。又如滑爽剂、流平剂的少量加入可以提高水性光油的滑爽耐磨效果，但过多加入又会影响后加工的烫金和黏糊性能。对于助剂的性能与使用方法，各公司的产品性能、牌号有所差异，可以根据需要选择产品。

三、UV 上光

UV 上光即紫外线辐射上光。它是利用紫外线照射引发 UV 上光涂料的瞬间光化学反应，在印刷品表面形成具有网状化学结构的亮光涂层。UV 上光使用的 UV 上光涂料不是靠传统的加热挥发干燥，而是利用紫外光的光能量使其固化。UV 上光具有许多优点，目前已经成为主流上光方式。

1. UV 上光的特点

UV 上光方法与传统的上光方法相比，其优点是：上光速度快、膜层光亮度高、干燥后膜面坚固、生产效率高、占用场地小，具有良好的机械及耐热、耐寒、耐水、耐磨损等性能，有良好的保护作用，上光后能使印品表面非常光亮、平滑，折光效果使图文产生强烈的立体感，色彩更加鲜艳，印品有高档感。

UV 上光也有自己的不足。UV 上光涂料自身聚合度高，表面分子极性差，且没有毛细孔，因此 UV 膜层亲和能力差。此外，UV 上光涂料使用有危害的单体，固化时还可能产生臭氧，固化体系对人的皮肤有刺激性，在使用时要注意严格按照规程操作。

2. UV 上光的工艺过程

UV 上光的工艺过程与溶剂型涂料上光的工艺过程相同。只是这里的固化是采用紫外固化的方式。

3. UV 上光工艺要求

UV 上光是目前应用最广、品种最多、涉及因素较为复杂的上光方式。要提高 UV 上光质量，应主要重视以下几个方面的要求。

（1）重视上光涂料的选择

UV 上光涂料的种类繁多，需要根据产品的特点和要求、承印物的类型、上光设备和方式以及后加工等因素合理地选择适合的产品。

不同的产品有不同的特点，对上光也有不同的特殊要求，因此要选择符合产品要求的上光涂料。不同的广告方式对上光涂料的性能要求也会不同，如联机上光与脱机上光、辊涂上光与印刷上光都要应用不同的上光涂料。另外，不同的承印物类型对上光涂料的要求也不一样，如纸张类承印物与塑料类承印物就要求使用不同类型的上光涂料。如果上光产品还需要进行烫金等后加工处理，则应选择化学性能较稳定的上光涂料。

（2）重视印刷品的 UV 上光适性要求

要确保 UV 上光质量，除了 UV 上光油的品质外，印刷品的上光适性也是非常重要的因素。印刷品的上光适性一般是指纸张类承印物的上光适性和印刷品表面油墨层的上光适性。印刷品是否适合上光，主要是由印刷品的上光适性决定的。

纸张的质量决定着印刷品的质量，也决定着 UV 上光的质量。纸张的平滑度越高，UV

上光的效果就越好。表面粗糙、渗透吸收性特别强的纸张一般不适合上光，而且特别不适合UV上光，因为UV光油在涂布后未见光前不能挥发成膜，其向纸质内部的渗透能力比其他类型的上光油强得多，甚至会渗透污染到纸张背面，不仅会使纸张表面发暗泛色，还会影响到后加工的黏糊性。

油墨的性能和状态也是决定印刷是否适合上光的重要因素。UV油墨、水性油墨、溶剂型油墨的印刷品一般均可以直接联机UV上光，而氧化聚合型的胶印油墨、凸印油墨由于干燥速度慢、与UV光油的浸润和兼容性能差，一般都不宜直接联机进行UV上光。另外，UV上光产品尽量不要含金、银粉油墨，且油墨中应尽量少用或不用含有钴、锰、铅等金属的催干剂，同时严禁添加作为防滑剂的聚乙烯蜡等物质，以防止降低表面活性，影响UV上光涂料的附着力。

（3）重视紫外固化光源的选择

由于UV上光涂料的固化是依靠光引发剂吸收紫外光的辐射能后形成自由基，从而引发单体和预聚物发生聚合和交联反应的，因此，紫外固化光源的选择对UV上光涂料的干燥速度有着重要的影响。

在选择固化光源时，要求光源的输出光谱要与上光涂料中光引发剂的吸收光谱尽可能相匹配，这样才能最大限度地利用光源的辐射能，产生更多的自由基，从而提高UV上光油的干燥速度。选用的光源要求强度要适应、使用寿命要长。紫外灯会逐渐老化，已过期的紫外灯的光强会降低很多，使UV上光油的干燥过慢。

（4）重视上光涂料黏度与涂布量的控制

上光涂料黏度对其在印刷品上的流平性以及对油墨的润湿等涂布适性有着重要的影响，最终会影响到上光产品的光泽度。上光涂料黏度的控制应考虑印刷品的吸收性以及涂层厚度等情况。上光涂料黏度还影响到印刷品对上光涂料的吸收性，上光涂料黏度越小，被印刷品吸收得越多，因此，若印刷品的吸收性过强，可适当地增加上光涂料的黏度，缩短其流平时间，否则在较长时间的流平过程中上光涂料被大量吸收，很难在印刷品表面形成较平滑的膜层，而易形成同印刷品表面凹凸状态相似的膜层。上光涂料的黏度对涂层厚度有着较大的影响，上光涂料的黏度低，涂布层薄。

上光涂料的涂布量要适当，涂层要均匀。均匀适量的涂层表面平滑度高，光泽度高。如果涂布量过少，上光涂料不能均匀地铺展，对印刷品表面的光学缺陷弥补作用降低，涂层表面平滑度差；如果涂布量过多，尽管有利于上光油的流平，也增强了对印刷品表面缺陷的弥补作用，但干燥会发生困难，且成本高，会有墨层发黏、附着差、残留气味大等现象。

（5）上光速度的控制

上光速度，即涂布机速度，应根据上光涂料的固化速度和涂布量决定。上光涂料的固化速度快，则涂布机速度也可提高，这时涂层流平时间短，涂层相对较厚，反之则相反。另外，涂布机速度还与涂布机固化光源的条件、印刷品状况等因素有关。

（6）通风装置要求

由于UV上光中采用的是紫外线灯管，在生产过程易产生臭氧（O_3），加之UV上光油虽然固体含量高、溶剂少，但仍有一部分是溶剂，并在使用稀释剂中不断加入溶剂，这些溶剂虽然无毒，但有一定的气味。故厂家在进行UV上光时，应结合厂房实际情况，在涂布及烘道装置上安排通风装置，为UV上光提供良好的作业环境。

（7）妥善存储UV上光涂料

UV上光涂料的存储条件比一般上光涂料严格，必须避光、避热存储，而且要防止杂物混入。UV上光涂料保质期一般为6个月，存储温度应该在15～20℃。每次使用前都应充分搅拌，以使上光涂料中的各组成成分混合均匀，从而获得最佳的印刷效果和性能。

四、压光

印刷品经过上述工艺涂布上光涂料之后，如果仅靠涂料自然流平性，干燥后还不能达到理想的光泽，对于一些对光泽度要求较高的印刷品在上光涂布后通常还需要经过压光机压光，使其表面形成理想的镜面，不仅提高其表面的光泽度，而且在耐化学物理性能方面亦有很大的改进和提高。

1. 压光工艺的特点

压光工艺（俗称磨光），在我国已有 30 多年的历史。压光工艺是采用涂布热塑性压光涂料与压光机械相结合的上光方法，即用普通上光机先在纸印刷品上涂布压光涂料（磨光油），待干燥后再通过压光机上的不锈钢光带热压、过光、冷却、剥离，使印刷品表面的膜层形成镜面的高光泽效果。

压光适合高档商标包装产品、产品说明书、艺术图片、明信片等印刷品上光，也用于白卡纸、白板纸包装印刷品上光，以取代价格昂贵的玻璃卡纸印刷。经过涂料压光加工的印刷品光泽性强，表面平滑、细腻，不发黏泛黄，具有防潮耐水等性能，成本也比较低，但工序多，生产效率较低。涂料压光产品的耐折、耐磨性虽不及纸塑复合加工产品，但却不会发生纸塑复合中常见的打折、起皱、起泡和脱层等现象。

涂料压光树脂经过热压定型形成的镜面膜层，不仅提高了光泽度，而且在耐化学物理性能方面亦有相应较大的进步和提高，说明"压"与"不压"是有差别的。

2. 压光工艺的过程

压光工艺的过程一般是：涂布底胶—涂布压光涂料—垫压—冷却—成品。其中涂布底胶、涂布压光涂料是在普通上光机上进行，垫压和冷却是在压光机上进行。

涂布底胶的目的在于增加油墨层与压光涂料的附着力。

垫压过程在压光不锈钢带上进行，压光带内的压印辊温度控制在 150℃ 左右，印压为 $2.94 \times 10^5 \, Pa \cdot s$。

3. 压光工艺参数及应注意的问题

压光质量的好坏，与压光工艺过程中的参数控制有最直接的关系。压光工艺参数主要包括压光的温度、压光的压力及压光的速度（固化时间）等。

（1）压光的温度

压光的温度是指热辊温度，一般为 100～200℃，温度过高及纸张温度过大时容易出现气泡及纸张分层现象，温度过低则光泽不佳。

（2）压光的压力

当纸张温度过大时，压力过大、不均匀会出现印刷品皱折现象。

（3）压光的速度

压光速度是指上光涂料在压光中的固化时间。如果固化时间短，上光涂料与印刷品表面墨层不能充分作用，干燥后膜层表面平滑度差，上光涂料对墨层的黏附强度降低。

（4）黏带

不锈钢光带清洁抛光不及时、热压温度过高、压光树脂质量差或涂料太薄容易造成黏带现象，不易剥离。

五、影响上光质量的因素

上光加工工艺涉及的因素很多，这些因素主要有印刷品、油墨、上光涂料之间的上光适性、上光操作中相关条件的选定、工艺操作中外部环境的影响等。这些因素的影响都十分复杂，控制不当就会产生各种不同的故障。下面就上光涂料涂布、水性上光、UV 上光及印刷品压光过程中影响质量的主要因素进行分析。

（一）影响上光涂布质量的因素分析

上光涂布过程实质上是上光涂料在印刷品表面流平及干燥的过程。影响上光涂布质量的主要因素有：印刷品的上光适性、上光涂料的种类及性能、涂布加工工艺条件等。

1. 印刷品的上光适性

印刷品的上光适性，主要是指印刷品承印纸张及印刷图文性能对上光涂布的影响。

（1）纸张的性能

上光涂布质量与纸张的性能有关，特别是纸张表面的平滑度、吸收性。高平滑度的纸张很容易使上光涂料在其表面流平并形成理想的镜面而成为平滑度较高的膜层。低平滑度的纸张，表面粗糙，甚至凹凸不平，上光涂料很难流平和形成镜面反射，光泽效果就不理想。因此，在上光涂料等其他因素相同的情况下，纸张表面平滑度越高，上光效果越好。实际生产中，如果遇到表面平滑度较低的纸张，为了增强上光效果，一般在涂布上光涂料前先在纸张表面涂布一层底胶（如干酪素底料），即常说的打底，或者二次上光。

（2）油墨性能

印刷于纸张表面的油墨质量是决定印刷品上光涂布质量的另一个重要因素。油墨层的亲和性以及油墨的颗粒大小都会直接影响上光涂料的涂布质量和流平性。如果油墨不能与上光涂料很好地亲和，上光涂料就不能很好地在纸张表面形成平滑的膜层；如果油墨的颗粒较大，颜料的分散度较小，上光涂料就不能在纸张表面很好地铺展，也就不能形成高质量的连续膜层；此外，印刷油墨必须具备耐溶剂性和耐热性，否则印刷品图文就会变色或产生起皱皮等现象。

（3）印刷品墨层干燥情况与晶化

印刷品墨层干燥不好或产生晶化也是影响涂布质量的因素之一。当印刷墨层干燥不好时，同样不会得到理想的光泽效果，甚至会产生砂眼、气泡等故障。如果印刷品放置时间过久、印件底墨面积过大、燥油加放过多，印刷品会产生晶化现象。墨膜在纸张表面产生晶化现象，往往会使上光油印不上去或者产生"花脸"、"麻点"等现象。

2. 上光涂料的性质与性能

上光涂料因本身的组成结构不同，对承印物的附着力、黏度及一定时间内的黏度变化、表面张力、干燥速度等性能不尽相同。在相同的工艺条件下，涂布、压光后得到的上光膜的效果也就不同。

（1）上光涂料的黏度

上光涂料的黏度对涂料的流平性和润湿性有重要影响。当被涂布的印刷品表面情况不同时，所需涂料的黏度也应不同。因此，在确定上光涂料的黏度时，应当对涂布、干燥、压光等各个环节中黏度值的变化予以全面考虑，使黏度在各个阶段都能与要求相适应。例如对吸收性而言，对同一吸收强度的纸张上光涂料的吸收率与涂料的黏度成反比，即涂料的黏度值越小，吸收率越高。因此，当涂料的黏度值较小时，由于涂布过程中纸张对涂料的吸收率较高，流平过程中涂料的黏度值变化较大且变化较快，使得涂布至流平的过程中，初始阶段黏度值可以满足流平要求，后续阶段黏度值变化较大或者突然增大，涂层很难继续流平，流平过程过早结束，引起印刷品表面某些局部欠缺涂料而影响到膜层干燥和压光后的平滑度及光亮度。

光固化型涂料如 UV 涂料和热固型涂料在干燥过程中存在着结构黏度的变化，在涂布过程中不仅要考虑外部条件引起的黏度值的变化趋势，也要考虑涂料本身的结构黏度变化对涂料黏度值的影响。

（2）上光涂料的表面张力

上光涂料的表面张力也是影响涂布质量的重要因素之一。不同的上光涂料表面张力值也不同，而不同表面张力值的上光涂料对同一印刷品的润湿、附着、浸透作用不同，其涂布和压光后成膜效果会有较大差异。表面张力小的上光涂料，能够较容易或较好地润湿、附着、浸透各类印刷品的表面，具体说表面张力驱使上光涂料的表面面积降低，使其流平成为光滑而均匀连续的膜层；表面张力较大的上光涂料，对印刷品表面的润湿受限，当上光涂料的表面张力值大于印品表面油墨层的表面张力值时，涂布后的上光涂料层会产生一定的收缩，甚至出现"砂眼"。

（3）上光涂料中溶剂的挥发速度

上光涂料中溶剂的挥发速度，对上光涂布的质量也有较大的影响。对于溶剂型上光涂料来说，不同的涂料配方所使用的溶剂种类及比例不同，涂布、干燥过程中的挥发速度也不同。溶剂挥发太快，上光涂料的黏度变化在一定时间内过大，流平性骤然变化，趋向不良，涂层来不及流平，不能形成连续的膜层，会出条痕、砂眼，还可能诱发潮气凝结（溶剂挥发过程为吸热过程），使干燥后的涂层出现龟裂和变污即涂层自发现象；而溶剂挥发太慢，则会引起上光涂料干燥太慢，硬化结膜受阻，抗污抗黏性不良及类似问题，这时应提高干燥速度或降低涂布速度。因此，上光涂料溶剂的挥发速度应与印刷品的适性和使用的上光涂布设备相适应。

综上所述，上光涂布加工中的涂料，应根据印刷品的上光适性、上光剂的性能、上光工艺条件、上光后印刷品的使用及后加工等多方面加以考虑，合理选用。

3. 涂布工艺条件的选定

上光涂布中工艺条件的选定，对涂布质量有很大影响。如果控制条件不符合工艺要求，就得不到理想的质量效果。上光涂布中的工艺条件主要有涂布量、干燥时间和干燥温度、涂布速度等因素。

（1）涂布量

上光涂布的涂布量要适当，涂层要均匀。均匀适量的涂层上光后平滑度高，压光后的光泽度就高。如果涂布量太小，涂料不能形成完整的连续膜层，干燥压光后平滑度差；如果涂布量太大，涂料能够形成连续、完整的膜层，但涂料膜层较厚，增加了成本，涂布和压光过程中温度相对要提高，干燥时间加长，印刷纸张含水量减少，纸纤维变脆，如果不能及时采取有效措施加以补救，压光后印刷品表面容易折裂。上光涂布量的确定，应考虑涂料的种类、印刷品的表面情况、涂布条件，使涂层既能达到上光质量要求，又能适合各种工艺加工。

（2）干燥时间和干燥温度

干燥时间和干燥温度的确定，受到上光涂料的种类和印刷品表面性能的影响。如果印刷品表面吸收性强，涂料层的中小分子物质渗透加强，干燥速度提高，应适当缩短干燥时间和降低干燥温度。此外，印刷品所处环境的相对湿度对干燥条件的选定有一定的影响。一是空气中的水分在涂布过程中进入涂料层，影响了溶剂的综合挥发速度；二是空气中的水分大量存在，抑制了溶剂的挥发。在其他条件不变的情况下，湿度增加一倍，干燥时间延长近两倍。因此，在空气含水量高的情况下，应尽量提高干燥温度和延长干燥时间。上光涂布中，对干燥温度、干燥时间等干燥条件的控制要依据上述特性合理地调整，使其满足工艺要求。

（3）涂布速度

涂布速度根据上光涂料的固化时间和涂布量决定。在干燥条件不变的情况下，上光涂料的固化结膜时间短，机速应快一些，否则，涂料的黏度值变化大，来不及流平，易出现条痕；当固化时间长时，机速应慢一些，为涂料的流平、干燥提供必需的时间。对同一种上光涂料来说，机速快，涂料流平时间短，涂层厚；机速慢，涂层流平时间长，涂层薄。涂布速度还与干燥条件、印刷品的性质有关。上光涂布中，涂布速度决定了干燥时间的长短和温度的高低。同一涂料，速度快，干燥时间缩短，为达到相同的干燥效果，就必须适当提高干燥温度；速度慢，干燥时间增长，为防止干燥过度，应适当降低干燥温度。涂布速度与干燥温度和干燥时间的关系是：在相同的干燥温度下，涂布速度与干燥时间成正比；在相同的干燥时间条件下，涂布速度与干燥温度成正比。

（二）影响水性上光的工艺因素分析

水性上光油的应用，必须根据不同的上光方式、纸张的类型、产品质量要求等因素综合考虑，才能取得良好的效果。在使用水性上光油时应注意以下几点。

（1）黏度控制

在涂布过程中，必须合理控制上光油的黏度和固含量。因此，稀释只能在一定的固含量范围内进行。水性上光油的稀释剂一般采用乙醇和水比例为1∶1的混合液，降黏效果明显，应严格控制。

（2）选择纸张类型

厚纸尺寸稳定性好，薄纸尺寸稳定性差。尺寸稳定性是印刷品质量很关键的指标之一，与印刷中水的用量、纸张的调湿、干燥的时间和方式、黏度的控制有很密切的关系。如果印刷产品是 $90g/m^2$ 以下的纸张时，应慎重使用水性上光油。

（3）涂布量的控制

水性上光油的涂布量是不易控制的。因为在涂布上光油中乙醇的挥发速度是很快的，而水是无色透明的，在白色的纸上涂布一层透明的水性液用人眼是难辨别其量的大小的，故黏度的控制至关重要。乙醇的含量也要及时增加，保证产品的稳定性。

（4）防沾脏剂的使用

在使用水性上光油时可以完全取消或减少使用防沾脏剂，因为水性上光油固化完全，表面很滑爽，很少沾脏，同其他上光剂是不同的。用印刷机上光后（湿压湿印刷），过2h纸张即可冲切和压痕。

（5）干燥时间的控制

溶剂型的上光油几乎都是挥发干燥，而水性上光油的渗透干燥具有极大的利用价值。但在多色印刷中，如果最后一色是涂布上光油，那么干燥时间将会变慢，原因是纸张内部已经吸收了较多的油墨和湿润水。如果采用红外线水性上光油，借助于红外线干燥装置干燥最为成功。在干燥过程中上光油被加热，底层快速渗透干燥，同时上光剂中的水分被高温加热蒸发，经排风管排走。红外线干燥装置干燥效果好。

提高干燥速度的另一种方法是增加乙醇的含量，但要结合印刷厂的实际情况、上光油的黏度而定，不能随意调节。

总而言之，不论是水性上光油还是其他水性材料，它们在非吸收性承印材料上的印刷适性均不是很理想（在吸收性好的纸张上，印刷适性较为理想），还有待于改进和完善。

（三）影响 UV 上光的因素分析

1. 光源的影响

UV 照射光源一般采用高压汞灯或金属卤化物灯。高压汞灯的输出功率一般为 80～120W/cm，才能保证 UV 涂料的固化速度小于 0.5s。此外，UV 光油过度接受紫外线照射会引起曝聚合后固化，使上光膜层脆裂。

2. 纸张等材料的影响

UV 涂料不适合对容易渗透的纸张进行加工。因为 UV 涂料中的低分子材料容易渗透到纸张中，引起纸张的变暗甚至浸透。这种情况下，只有对纸张正反两面都用紫外光照射，才有可能使固化完全。为了预防渗透现象，可先用 UV 涂料以外的材料涂布底层，以避免涂布 UV 涂料时出现渗透。

PVC（聚氯乙烯）、PET（聚酯）材料需经过电晕处理后再上光。

3. 油墨的影响

需要注意 UV 涂料与油墨的结合问题，必要时先涂一层底胶。

一般印刷油墨特别是胶印油墨中含有蜡，应选用含蜡少的品牌。另外，调墨油如撤淡剂、撤黏剂中含蜡较多、尽量不要用。

印刷包装纸盒时，粘口部分不要上光。若无局部上光机、粘口处不得不上光时，粘口处不要印刷，使上光油直接涂在纸上，然后选用专用的 UV 胶黏剂糊盒。最好是将 UV 膜层用砂纸打磨掉后再糊盒。

最好的办法是先打底油，而后再上光。底油有两个作用：一是有黏性，对 UV 膜层和墨层的附着力强；二是有增白效果。

4. 上光油本身的影响

（1）UV 光油中光引发剂的影响

当 UV 光油中光引发剂过量时，UV 上光后会出现皱缩、气味大、耐物理化学性弱等问题。发生以上现象的原因之一是引发剂过量会提高 UV 光油的固化速度，但同时也使固化后膜层质量下降。

当光引发剂过量、上光涂层较厚时，UV 光油的表层和整体不能同时固化，从而产生皱纹。光引发剂中含有非成膜溶剂，固化后，这些溶剂有一部分被包在聚合物中间，一部分被挤到膜层表面，于是使上光膜层内部不坚实，表面不光亮，且气味大。

（2）UV 光油中预聚物和稀释剂的影响

UV 上光油中的预聚物和稀释剂是影响 UV 膜层柔韧性的主要因素。一般柔韧性好、透明度高的材料价格也较高。目前国内使用的 UV 光油大多是中低档次的产品，价格适中，使用效果较好，但大多存在膜层较脆的问题，同时存在 UV 膜层与底层附着不牢的问题。如果折页、压痕方法不当，会出现脆裂、脱落现象。

（3）稀释剂的影响

上光油中不宜多加稀释剂，最好是不加。当用乙醇稀释 UV 光油时，由于乙醇内含水，水存留在 UV 光油分子间不易挥发，会导致 UV 膜层内出现微孔，影响膜层质量。用乙酯稀释 UV 光油效果较好，但气味大。

此外，还需要注意对 UV 涂料的温度控制以及 UV 涂料加工后的黏糊性及热烫印性等。

（四）影响压光质量的工艺因素分析

在压光过程中，影响压光质量的因素主要有压光温度、压光压力和压光速度。

（1）压光温度

压光温度是压光工艺中的重要因素之一。压光过程可分为三个阶段：热压、上光和冷却剥离。因此，压光中各级段温度必须满足工艺要求，合适的温度才能使涂料膜层分子热运动能力增加、扩散速度加快，有利于涂料中助剂分子对印刷品表面的二次润湿、附着和渗透，增强二者之间的接触效果。另外，适当的温度会使印刷品同光带之间形成良好的黏附作用。在一定温度条件下，涂料膜层塑性提高，在压力的作用下表面平滑度将大大增强。

压光温度的控制，应根据机速快慢、印刷品表面特性、涂料的种类等条件情况综合考虑后确定。一般掌握的原则是：在印刷品能达到工艺质量要求的情况下，温度应适当高一些。

（2）压光压力

压光压力也是影响压光效果的重要因素之一。涂布干燥后的膜层中，涂料分子的排列并不十分紧密，其间存在着很多微小孔穴，一定温度下，涂料塑性增加，分子间移动加剧，表现为膜层的体积变化，当外界没有压力或压力小于一定值时这种现象并不明显，一旦压力达到某一值时，这种现象则十分明显。

压光中，压力的调整应根据不同的印刷品特性、压光涂料的种类、压光机的性能及压光时的温度和机速的不同合理确定。一般掌握的原则是：在能达到压光效果的情况下，尽量使用小的压力。这样不仅有利于压光印刷品的质量和加工，而且可以延长压光机压力机构各部件的寿命。

（3）压光速度

压光速度也是影响压光效果的因素之一。在上光涂料与上光带接触时，上光涂料分子活动能力随涂层温度降低逐渐减弱，如果固化时间太短，减弱速率相当快，涂料分子同印刷品表面墨层不能充分作用，干燥、冷却后膜层表面平滑度低，涂料层对油墨层的黏附强度差。上光膜层的质量一般随固化时间的增加而提高，但是随时间的增加黏附强度增大的速率愈来愈小，达到某一个数值以后就不再增大。平滑度的变化情况同上述基本一致。

压光速度的确定应在综合考虑上光涂料的种类、印刷品特性、压光机的性能以及压力、湿度等因素的基础上合理地确定。

第五节　上光常见故障与解决办法

一、溶剂型涂料上光常见故障及解决办法

1. 光亮度差

主要原因：印刷品纸质差、表面粗糙；上光涂料的质量差、浓度低、涂布量不足；烘道温度过低、溶剂挥发过慢。

解决办法：选择比较好的纸张，或者在纸质差的纸张上先涂布上光底油，干后再涂上光涂料；选择优质上光涂料，提高浓度，适当加大涂布量；提高烘道温度，加速涂层溶剂的挥发。

2. 膜面出现条痕或起皱

主要原因：上光涂料黏度太高；上光过程中涂料的涂布量太大；上光涂料对印刷品的表面润湿效果不好；上光加工中的工艺条件与涂料适性不匹配，涂料的流平性差。

解决办法：加适量稀释剂，降低上光涂料的黏度；减少上光涂料的涂布量；按工艺条件

调整工艺参数，使之符合上光涂料的要求。

3. 膜层不均匀，有气泡、麻点等明显表面缺陷

主要原因：上光涂料表面张力大、对印刷品的表面润湿效果不好；上光涂料的涂布工艺条件不合适；印刷油墨产生晶化现象。

解决办法：加入表面张力低的溶剂或少量的表面活性剂以降低上光涂料的表面张力；调整上光的涂布工艺条件；在上光涂料中加 5% 的乳酸，搅拌后涂布在印刷品表面以破坏油墨晶化表面，使上光涂料均匀。

4. 墨层黏连

主要原因：墨层太厚，涂层内部的溶剂没有挥发出来，残留量高；上光涂料的干燥性差，造成涂层干燥不良；烘道温度过低。

解决办法：降低涂料的涂布量，使涂层减薄；选用干燥性能好的上光涂料；提高烘道的温度，加速膜层溶剂的挥发干燥。

二、水性涂料上光常见故障及解决办法

1. 光泽不好，亮度不够

主要原因：纸质太粗，渗透吸收力过强；涂布量不足，涂层太薄；上光油黏度小，固含量不足；印刷品表面油墨不干；涂布环境温度低、湿度大；上光油内在质量不佳。

解决办法：适当提高上光油黏度；加大涂布量；上光前使油墨充分干燥；质量太粗的纸，先涂一层底胶；提高环境温度和烘干温度；更换光泽好的水性光油；少量加入流平助剂。

2. 干燥不好，表面发黏

主要原因：水性光油涂布过厚；光油黏度偏高；烘道温度及热风不足；光油 pH 值太高；涂布压力不匀，局部涂布过厚；机速过快，特别是印刷载体为非吸收表面时。

解决办法：调整降低光油黏度，稀释剂采用乙醇和水 1∶1 的混合溶液；适当减少涂布量；调整压力，使涂布均匀一致；加强烘道温度及热风；光油 pH 值控制在 8~9；根据产品情况调整机速；适量添加快干性乳液；更换使用快干型水性光油。

3. 表面涂布不匀，有条纹及橘皮现象

主要原因：光油黏度过度；光油涂布量过大；涂布压力调整不合适；涂布辊表面太粗糙、不光滑；光油干燥太快；光油流平性差；油墨不干、排斥光油。

解决办法：上光前油墨充分干燥并清除粉尘；调整好涂布压力，使涂层均匀一致；粗糙、老化或变形的涂布辊重磨或重制；适当降低光油黏度；适当减少涂布量；少量加入慢干助剂或 pH 稳定剂。

4. 上光过程气泡多

主要原因：光油黏度偏高；光油 pH 值偏低；循环搅拌过度；胶盘、胶桶中光油量不足；机速过快。

解决办法：降低光油黏度；适量加 pH 稳定剂，提高 pH 值；适量加水性消泡剂，要充分混匀，且最多加入量不超过 1%；加大光油供给量；适当降低涂布速度。

5. 光油清洗困难，易结皮

主要原因：水性光油干燥过快；光油 pH 值偏低；光油水溶性差；停机时间长，未及时清洗；环境温度过高。

解决办法：加入慢干剂，降低干燥速度；加入 pH 稳定剂，提高 pH 值；改善水性光油的水溶性；停机时及时清洗；临时停机，光油循环系统保持继续运作；清洗困难时，采用水

量清洁剂或乙醇进行清洗。

三、UV上光常见故障及解决办法

1. 亮度不好，光泽度差

主要原因：光油黏度小，涂层太薄；纸张粗糙，平滑度差，吸收性过强；印刷品表面油墨不干；油墨排斥光油，造成发花和不匀；UV上光涂料质量差，光亮度不好；温度低，湿度高；光源老化，光油固化不彻底。

解决办法：适当提高UV光油黏度，增加涂布量；纸质太粗，涂布一层水性底胶或溶剂型底胶；UV上光前油墨充分干燥；如因油墨原因造成光油排斥、发花或影响光油与油墨的附着力，则先上一层底胶；选用流平性好、光泽度高的UV光油；提高干燥温度，降低环境湿度；使UV光油充分光固化，如发现光源老化则及时更换灯管。

2. 表面发黏，残留气味大

主要原因：紫外光强度不够，灯管老化，未能充分固化干燥；非反应型稀释剂（乙醇等）加入过度，影响UV光油的彻底固化，特别在温度低、湿度大的情况下，这种影响则更为严重；上光油涂布过厚或严重不均匀；上光机速过快，UV光油的固化干燥速度不适应；UV光油中的活性稀释剂质量差，气味大，光引发剂不合适，造成残留气味大；光油存放时间过长，造成容器内气体聚集；印刷油墨不干，影响UV光油彻底固化。

解决办法：确保UV光油的充分彻底固化，及时更换灯管；尽量减少非反应型稀释剂的使用，适当提高光固化过程的温度，加大非反应稀释剂的挥发，减少对光固化的干扰；选择固化干燥速度快、气味小的UV光油品种。

3. 油墨与光油发生排斥，光油涂不上或发花涂不匀

主要原因：油墨不干和油墨故障；油墨中加入燥油、调墨油或撤黏剂过多，或加入硅油等防黏助剂以及油墨表面晶化；油墨表面喷粉后黏附粉尘太多；UV光油黏度小，涂层太薄；UV光油表面张力大，湿润、流平、亲油能力差。

解决办法：对需进行UV上光的产品，在印刷前做统一考虑，避免使用与UV上光油相斥的油墨助剂，防止蜡类、硅类等防黏材料游离迁移至油墨表面；上光前印刷油墨充分干燥并清除粉尘；使用亲油性较好的底胶打底，防止油墨排斥，提高UV光油与油墨的附着力；用纱布擦去迁移至油墨表面的防黏层，但要注意最好边处理边上光，不重新堆积；选用润湿亲油能力较好的UV光油，并使UV光油适当涂布厚一些；采用UV油墨、水性油墨和溶剂型油墨。

4. 上光不匀，有条纹、橘皮、麻点等现象

主要原因：UV光油黏度过高，流平性差；涂布网纹辊太粗，涂布量太大；涂布橡胶辊粗糙不光滑；上光机胶辊与压印滚筒间的压力不均匀；胶盘或盛UV光油的容器不干净，有杂质、粉尘及沉积物混入光油中；印刷油墨表面粉尘太多。

解决办法：降低光油黏度，减少涂布量；调整上光机压力，使之均匀一致；涂布胶辊磨细磨光；如光油中有杂质，彻底清洗胶盘及容器，将UV光油重新过滤后使用；印刷品表面要充分干燥并清除粉尘。

5. 上光后电化铝烫印不上

主要原因：UV光油中硅、蜡等滑爽防黏成分较多，影响电化铝附着；电化铝选用的型号不合适；烫电化铝的温度、压力不合适；油墨表面不干，影响光油底层固化。

解决办法：选用可烫电化铝的专用UV光油；选用可烫印塑料的电化铝；相应调整烫

印工艺的温度压力；对已上好光的产品，用少量乙醇擦拭去已迁移至光油涂层表面的有机硅或蜡的微量成分，然后再进行烫金。

6. 膜层附着力差

主要原因：油墨表面晶化；油墨中助剂使用不合理；UV 涂料黏度太低或涂层太薄；光固化条件不合适；涂料或承印物附着力差。

解决办法：印刷品不能放置太久以防晶化，对于已经晶化的印刷品消除晶化层；选择与 UV 涂料相匹配的油墨助剂；使用高黏度的 UV 涂料，适当增大涂布量；检查 UV 灯管是否老化；上底胶或更换特殊 UV 涂料。

四、压光常见故障及解决办法

1. 压光膜层光泽度差

主要原因：纸张质地粗糙，吸收性太强；压光带磨损，不清洁或表面有沉积物；压光压力不足或压光温度偏低。

解决办法：选择好的纸张或先上一次底胶；清洁压光带，进行光带抛光处理；适当加大压光压力或提高压光温度。

2. 印刷品不粘压光带

主要原因：涂层太薄；涂料黏度太低；压光温度不足，压力太小。

解决办法：加大涂布量；提高涂料的黏度；提高压光温度，加大压光压力。

3. 压光过程出现粘带、剥离困难

主要原因：压光温度偏高，压光压力偏大；涂料未充分干燥，残留溶剂偏多；底胶涂层厚，压光树脂涂层薄；光带表面不清洁或有树脂沉积物。

解决办法：适当降低压光温度、降低压光压力；压光前使涂层充分干燥；适当增加涂布量，加大上光涂层厚度；清洁光带，对光带进行抛光处理。

4. 膜层气泡

主要原因：上光带温度太高，使涂层局部软化；上光涂料与压光工艺条件不匹配，印刷品表面涂料层冷却后与上光带剥离力太小；压光压力过大；纸张湿度过大或湿度不匀。

解决办法：适当降低压光温度；调整压光工艺条件，降低压光速度，增强剥离力；适当降低压光压力；保持纸张干燥，湿度均匀。

5. 膜层两侧亮度不一致

主要原因：压光带压力不平衡；压光带两侧磨损程度或清洁度不一致；压光涂料两侧涂布厚度不一致。

解决办法：调整压光带两侧的压力使之均衡；调整上光涂布机构的距离使两侧压光带一致；注意涂布胶辊的变形与调整。

6. 纸张表面易折裂

主要原因：压光温度偏高，使印刷品含水量降低，纤维变脆；压力大，使印刷品延伸性、柔韧性变差；上光涂料加工适性不良；后加工工艺选择不合适。

解决办法：降低压光温度，采取有效措施保持印刷品的含水量；减少压光压力；选择加工性能好的上光涂料；调整后加工作业条件，使之与压光后的印刷品相适应。

7. 压光后印刷品空白部分是浅色、浅色部分变色

主要原因：油墨干燥不良，墨层耐溶剂性不好；涂料溶剂对油墨层有一定的溶解作用；涂料层干燥不彻底，溶剂残留量高。

解决办法：待印刷品彻底干燥后再上光；减少涂料中的溶剂或改变涂料中的溶剂；降低

压光速度，提高干燥温度，使涂层内部溶剂残留量降低。

第六节　扫金技术

扫金是指通过特殊工艺将特种金属粉末附着在印刷品上的特定部位，营造出逼真的金属质感和闪烁的仿金效果。扫金是精品印制中的一种特殊的印后加工工艺，是仿金效果的一种，具有独特的优势。

一、扫金的工艺特点及应用

扫金工艺过程非常简单，将需要扫金的印张放在单色或双色胶印机上，在需要扫金的部位用专用 PS 版印涂一层黏性油墨，然后印张从胶印机与扫金机之间的连接装置进入扫金机，扫上金粉并经抛光、揩金等工艺过程即可完成。由于扫金的过程是通过胶印机进行套印，用于黏附金粉的黏性油墨以胶印方式涂布，因此可以保证套印的精确度，且生产效率相当高。

目前，扫金在国内主要集中在烟标方面，其次是药盒、食品包装。而在国外，扫金应用很普遍，很多印刷厂采用多班工作制，充分利用新型扫金机，取得了较显著的经济效益。扫金工艺不仅在烟包的表面整饰中得到应用，还广泛应用于酒类、化妆品、药品、高档食品的包装及贺卡的制作上。

仿金效果除了扫金技术外，常用的工艺还有印金、磨砂印刷（仿金属蚀刻）、烫金等。而扫金加工则有自己独特的优势。

（1）与印金相比

目前印金可采用胶印、凹印、柔印和丝印，尤其以胶印和凹印为主，这两种印刷速度都较快。胶印墨层薄，金属光泽不太好；凹印墨层虽然较厚，光泽也比胶印好，但大面积印刷时金属质感不够强烈，在印刷小字和细小线条时容易变形，质量不好控制。因此，印金没有扫金效果好。

（2）与烫金相比

烫金作为一种传统的仿金加工技术，金属光泽和金属质感都很强，是目前一些高档包装所不可缺少的一种加工技术，在这方面它比扫金的效果更好一些。烫金的质量效果虽好，但是它多数需要加热，需消耗更多能量，套准有时并不容易，尤其在一些很小的图形和大面积烫金上质量不易控制，工艺相对复杂，成本相对较高，大多数的烫金设备速度较慢，效率较低。

（3）与磨砂印刷相比

磨砂印刷虽然有较好的金属质感和光泽，但生产效率较低，废弃的包装不易回收，不利于环保。

（4）扫金技术的优点

扫金技术操作工艺简单，速度快，成本较低，无论图文粗细、面积大小都能获得较好的效果。

扫金后产品金属砂粒感和光漫反射效果更好，金属质感更真实，给人视觉上明显的立体感，不同于印金和烫金。

扫金的颜色丰富多彩，除了最常用的金色外，还有银色、红铜色、绿色、石墨色、棕褐色、柠檬黄、孔雀蓝，以及近来在欧洲和北美使用很广泛的仿钻石金粉和镭射金粉。这些金粉有不同的粒径，能显示出各种各样的独特效果。

由于扫金所获得的仿金效果与印金、烫金和磨砂印刷不同，比较独特，不易模仿，所以具有一定的防伪功能。

二、扫金工艺过程与控制

扫金工艺通过扫金机来完成，扫金机主要由输纸机构、涂布机构、抛光机构、清洁机构、收纸机构五部分组成。

扫金机在扫金时一般需要一台单张单（双）色胶印机（将收纸装置去掉）与扫金机连接。利用印品的分色底片制作出专用于扫金机的 PS 版，安装在胶印机上，通过调整胶印机的规矩便可完成套准工作。利用 PS 版在印品上需要上金粉的部位印刷一层薄而均匀的底胶（俗称"扫金涂底"）。将印有底胶的印刷品通过扫金机纸张传送装置送到扫金部分带吸气通道的橡皮传送带上，由金粉填充器、带墨斗辊的涂布器、涂布辊组成的涂布装置启动。涂布辊转动，当涂布辊上吸附金粉的一面转到纸张上方时，该部分由吸气转为吹气，将金粉均匀喷洒在纸张表面。由 4 根特别的抛光器与纸张上的金粉相擦、抛光，将纸张上印有底胶部分的金粉粘在纸张上。

扫金机采用 4 根特殊揩金带，进行相互之间转向相反的往复运动，以提高金属光泽和黏结牢度，后两根带有强力吸气管道，再加上清洁机构的高真空吸附多路清扫循环系统，因此可以干净迅速地扫清印张上多余的金粉，这些多余的金粉可以循环使用，不会造成环境污染，也不会浪费。最后由收纸机构完成收纸和整理工作。

扫金的工艺流程：扫金准备工作→扫金→抛光→清扫。

三、扫金常见的故障

扫金最常见的故障是粘脏，即纸张空白部分粘有金粉。造成扫金粘脏的主要原因有以下几方面。

（1）车间湿度过大

车间湿度太大，导致揩金带受潮而自身粘了金粉，从而使揩金揩不干净。因此，对车间的环境湿度要控制好，使车间湿度保持在合理的范围内。扫金机对环境的要求非常高，温度要控制在 22～25℃，湿度要控制在 50%～55%，否则容易出现质量问题。

（2）印张湿度超标

印张含水量偏高，将导致揩金不干净。因此，在扫金前要将纸张搁置在干燥的环境，以使纸张含水量达到正常水平。

（3）印张上的油墨未完全干燥

扫金前印张上的油墨未干透，未干透的油墨本身具有黏性，从而导致非扫金部位也粘有金粉。因此需要等待扫金的印品充分干燥后才能进行扫金。

（4）金粉黏附不牢

由于底胶的黏性不够、润湿液碱性太强或抛光器压力太大，导致印张上扫金部位金粉黏附不牢，从而掉粉。因此，扫金前要仔细检查黏性油墨的黏度、调整润版液 pH 值或降低抛光辊之间的压力。

第七节　滴塑技术

滴塑也称为滴晶。滴塑技术主要是利用热塑性高分子材料在一定条件下具有黏流性而常温下又恢复固态的特性，使用适当的方法和专门的工具，在其呈黏流态时按要求将其塑造成不同形态，然后在常温下固化成型的加工工艺。

滴塑技术作为印刷品表面整饰的一种方法，不仅能达到覆膜、上光的高光泽度及保护性能，而且色彩鲜艳饱满，并能显示出立体刻制的成型效果。

一、滴塑的特点与应用

与覆膜、上光等表面加工方式相比，滴塑技术除了具有抗摩擦性、防水、防污和对印刷品表面的保护功能外，还具有以下特点。

① 立体整饰性。滴塑技术用于印刷品表面加工，既可对某一点也可对某个面进行整饰处理，其加工部位厚度可达 2～3mm，且表面平滑光亮。印刷图文的色彩透过弧面或球面折射，给人以立体雕塑的成型效果。

② 表现多样性。在印刷品表面进行滴塑加工，可按需要在指定部位挤出或浇注出点、片、丝网、半球、棱角、波纹等不同形状的透明、半透明或各种色彩的立体隆起。如果在原料中适当添加色母料或其他材料，还可表现为不同色彩效果且有珠光、金属光、荧光等特色。

③ 操作方便性。滴塑技术既可用自动化设备实施，也可手工操作；既可使用固体原料加工，也可直接用液体材料滴注成型；既可进行批量生产，也可对个别产品做特殊加工。

滴塑工艺广泛应用于家用电器、高级轿车、商品铭牌、日用五金产品、旅游纪念证章、精美工艺首饰品、高级本册封面等领域的装饰上。

二、滴塑工艺过程与控制

滴塑是一种利用塑滴形式使印刷品表面获得水晶般凸起效果的加工工艺，其基本工艺流程为：配制滴塑物料→待滴塑物放置在滴塑平台→滴塑→固化→清洗工作。

（1）配制滴塑物料

根据待滴塑物的性质，选择所需的滴塑物料。滴塑物料一般称为水晶胶，它的主要成分是透明的高分子树脂，具有较高的表面张力。水晶胶有软性水晶胶和硬性水晶胶之分，一般滴塑采用双组分。软性水晶胶干燥后无色、透明、有弹性，制成的产品可以弯成曲面并可长期保持柔弹性。硬性水晶胶固化后呈硬性，表面强度高，无色透明，制成的产品晶莹透明、质地坚硬、光泽度高。根据干燥方式的不同，水晶胶可以分为常规固化型和 UV 固化型。

配置时，将选定的双组分水晶胶按比例称量后注入同一容器中，搅拌均匀，待气泡消退至胶液清澈透明，然后装入专用的塑料滴嘴瓶中。

（2）待滴塑物放置在滴塑平台

对待滴塑物表面进行净化处理，然后水平放置在加工平台上。若待滴塑物为带有螺钉产品或异形产品时，应制作专门的夹具，以确保待滴塑面的平整。

（3）滴塑

滴塑是将塑料瓶中的水晶胶挤出，均匀地滴到印品表面的待加工部位。

滴塑可分为手工滴塑和机器滴塑两种方式。一般手工滴塑用于小批量产品，机器滴塑用于大批量产品。

（4）固化

待滴塑物滴塑后，应保证其有足够的凝胶固化时间。水晶胶凝胶固化时间的长短会受到固化温度、固化剂、滴胶面积大小等的影响，因此固化时要根据实际情况选择固化时间。一般常温下放置1天左右水晶胶可固化。

（5）清洗工作

滴塑工作完成后，应注意设备的清洗工作。因为水晶胶固化后不溶于任何溶剂，滴塑完成后应立即把使用的机器设备、容器等清洗干净，以备下次使用。

三、滴塑常见的问题及解决办法

透明度高、成型稳定、附着牢固是对滴塑质量的基本要求，而这也正是滴塑技术中容易出问题的方面。滴塑技术中的主要质量问题有成型不标准、表面不圆滑、边缘有缩孔、体内有气泡、颜色渐变黄等。

（1）成型不标准

成型不标准是指滴塑成型物的厚度或曲面半径尺寸不一样。出现这种问题的原因主要有两个：一是印刷品表面张力不一致，二是滴塑物料供应量不均匀。

解决办法：做好印品滴塑前的表面净化处理，保证印品表面张力相等；根据工作条件调节工艺参数，保证滴塑物料供应均匀。

（2）表面不圆滑

表面不圆滑是指滴塑物料成型后应有的弧面或球面有条痕或橘皮皱纹。滴塑物料是由多种树脂及辅料组合而成，如果原料性质超过标准指标或配比不准确，都会造成聚合后的应力作用，使表面干燥、固化时收缩不一致，出现条痕或橘皮皱纹。另外，滴塑物料在印品表面成型这一过程，除受干燥、固化条件影响外，还受环境温湿度、气流、光线的影响，这些外在因素也会引发滴塑物料内部不同组分反应的强与弱，从而产生新的内应力。

解决办法：做好物料的质量检测；选择合适性质的物料并严格控制配比标准；保证工艺环境的稳定性，保持适当的温湿度。

（3）边缘有缩孔

边缘有缩孔是指滴塑物料与印品表面结合得不严密，出现空隙或缝纹。出现这种隋况的原因除印刷品表面张力值外，还与滴塑物料有关。滴塑物料的黏度过大、滴塑操作过快，都会造成流平性不好，从而不能对印品表面形成尽量小角度的润湿，最终导致边缘产生缩孔。

解决办法：做好印品表面处理以保持适当的表面张力；调节物料黏度在适当范围内，增强润湿效果；控制滴塑的速度和压力，满足供量需求。

（4）体内有气泡

体内有气泡是指滴塑成型体内有肉眼可辨的气泡、气孔或针眼，影响滴塑物整体的透明度。使用双组分反应固化的滴塑液体物料和热压挤出滴塑型技术易出现这种问题。此外，滴塑物料各组成分配兑比例不准确、物料各成分混合的反应过程和反应时间控制不当使混合不均匀或者滴塑过程温度控制不当也会导致有气泡的产生。

解决办法：严格控制物料配兑时的物料比例；延长物料各成分的混合时间，使物料混合均匀，反应彻底；对工艺过程中的温度进行正确调控。

（5）颜色渐变黄

滴塑成型物应耐老化，保持其透明度。颜色变黄主要是由于选料质量不稳定或未达到质量指标。如果应用溶剂型液体滴塑物料，因滴塑成型物层较厚，物料中的溶剂难以挥发，会造成对油墨连结料的分解，使印刷色彩衰变或在滴塑物内纸张变黄。

解决办法：选用质量良好的滴塑物料；提高滴塑物料的质量指标，选用高指标物料；尽量使用溶剂挥发性好的物料或光固化型滴塑物料。

复习思考题

1. 何谓上光？上光的作用是什么？
2. 上光的工艺流程有哪些？各有什么特点？
3. 常用涂布方式有哪几种？各有何特点？
4. 涂布机常用的干燥形式有哪几种？各自的干燥原理是什么？
5. 目前发展起来的上光涂料有哪几种类型？各有何特点？
6. 上光涂料的质量要求有哪些？
7. 上光涂料有哪些组成部分？它们在涂料中各起何作用？
8. 上光工艺通常是如何分类的？
9. UV上光的原理和特点是什么？
10. 试述水性上光的工艺要求。
11. 试述UV上光的工艺要求。
12. 上光设备按其加工方式可如何分类？各有何特点？
13. 上光涂布机主要由哪些部分组成？
14. 试简要说明压光机的组成和工作机理。
15. 分析影响上光涂布质量的因素。
16. 分析影响UV上光的因素。
17. 影响压光质量的工艺因素有哪些？它们是如何影响质量的？
18. 上光加工中常见的故障有哪些？
19. 什么是扫金技术？它有何特点？
20. 什么是滴塑？它有何特点？
21. 试述滴塑常见的问题及解决办法。

第四章

模切与压痕

第一节 概 述

一、模切压痕的原理

模切工艺就是把特定用途的纸或纸板按一定规格用钢刀轧切成一定形状的工艺方法。压痕工艺则是利用钢线和压痕模，通过压力在纸或纸板上压出线痕，以便进行弯折成型。在大多场合中，模切压痕工艺往往是把钢刀和钢线组合在同一个模版内，在模切机上同时进行模切和压痕加工，因此常常将模切压痕工艺简称为模压工艺。

模压前，需先根据产品设计要求，用钢刀和钢线或钢模排成模切压痕版（简称模压版），将模压版装到模压机上，在压力作用下将纸板坯料轧切成型，同时压出折叠线或其他模纹。模压版结构及工作原理如图4-1所示。

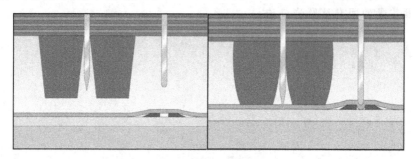

图 4-1 模切压痕原理

钢刀在进行轧切时，是一个剪切的物理过程。而钢线和压痕底模同时作用在印刷品的表面，使材料内部结构局部被破坏，从而在材料的表面出现压痕。海绵胶条则使成品或废料易于从钢刀刃上分离出来。

二、模切压痕的应用和发展

模切压痕工艺主要用于包装盒、商标、吊牌、不干胶产品、纸箱等各类纸或纸板的成形加工，同时也可对皮革、塑料等材料进行模切和压痕加工。纸类产品通过模切或压痕加工可以制成各种各样的平面或立体、直线或曲线形产品。包装类产品通过模切压痕可制成精美纸盒。

模压加工操作简便、投资少、质量好、见效快，可增加产品的艺术效果、使用效果，从而大幅度提高产品的档次，它在提高产品包装附加值方面起着重要的作用。模压加工的这些特点使其越来越广泛地应用于各类印刷纸板的成型加工中，已经成为印刷纸板成型加工不可缺少的一项重要技术。

第二节　模切压痕材料的选用

一、模切压痕刀具

模切压痕使用两种刀具，分别是模切刀具和压痕刀具。

1. 模切刀具

模切刀具也称钢刀，又称啤刀（如图4-2所示），刀口锋利，能将纸板切断，得到所要求的纸盒胚料形状。通常要求钢刀应具有锋利、耐磨损、弯曲方便等特性。根据不同模切材料的要求，钢刀材料分为硬性、中硬性和软性三种，可根据需要灵活选用。钢刀的软硬是指刀体部分的软硬程度，而刃口部分都经过淬火处理，具有高硬度。由于被模切产品形状各异，需要将钢刀弯成各种各样的形状，硬性钢刀弯曲性能较差，中硬性钢刀弯曲性能较好，软性钢刀弯曲性能最好，操作者可依据实际要求加以选择。

(a) 常用模切刀

(b) 滚筒模切刀

(c) 特殊模切刀

图 4-2　模切刀具

根据生产要求，常用钢刀的高度一般为23.8mm，不干胶材料用钢刀高度为7mm、8mm、9.5mm，特殊用途钢刀的高度为30～50mm。钢刀的厚度也因材料的不同而变化，钢刀的厚度用mm或点表示：0.53mm（1.5点）、0.71mm（2点）、1.05mm（3点）、1.42mm（4点）、2.13mm（6点）。

为了适合不同的要求，钢刀有不同的刃口形状，图4-3为钢刀的刃口形状示意图。

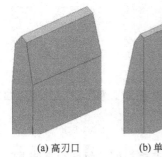
(a) 高刃口

(b) 单面高刃口

(c) 矮刃口

(d) 单面矮刃口

图 4-3　钢刀的刃口形状

根据不同的模切需要，钢刀有平直形刃口、齿形刃口（粗齿、细齿）、针孔形刃口、波浪形刃口和其他形状的刃口。齿形刃口能做到节省分段装钢刀，齿形的大小可选择或定做。针孔形刃口适用于撕裂或涂胶黏合的场合。波浪形刃口一般用于贺卡、盒边及商品吊牌等的模切。另外可以简单地把钢刀分为横纹式（如图 4-4 所示）、直纹式（如图 4-5 所示）。

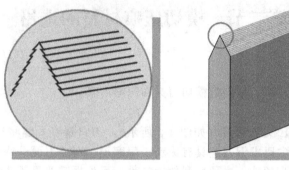

图 4-4　横纹式钢刀

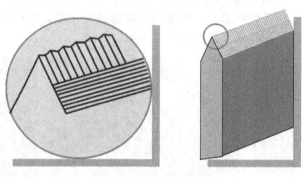

图 4-5　直纹式钢刀

还有一种特别的金属涂层刀，如图 4-6 所示。它针对一些比较硬的产品。

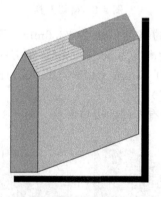

图 4-6　金属涂层刀

当模切较厚的纸张时，高刃口的刀效果更佳。如图 4-7 所示，图（b）为矮刃口的刀工作示意图，图（a）为高刃口的刀工作示意图。

2. 压痕刀具

压痕刀具也称钢线、压痕线，又称啤线。与钢刀的要求相类似，钢线也要求具有良好的耐磨性、弯曲方便等特性。

钢线的高度略低于钢刀的高度，被模切材料的不同厚度对钢线的厚度选择也不相同。钢

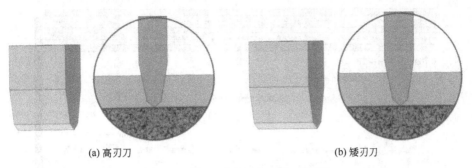

(a) 高刃刀　　　　　　　　　　　　　　(b) 矮刃刀

图 4-7　高刃刀与矮刃刀工作示意图

线的厚度和钢刀的厚度规格相同，但钢线厚度的选择除与被模切材料的厚度有关外，还与压痕模的类型有关。

　　根据不同压痕需要，钢线的形状有单圆头、双圆头、尖圆头、双半圆、方头和 V 形，如图 4-8 所示为各种钢线的形状。

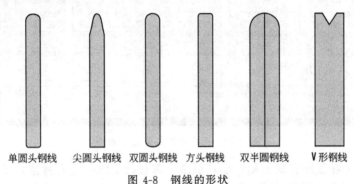

单圆头钢线　尖圆头钢线　双圆头钢线　方头钢线　双半圆钢线　V 形钢线

图 4-8　钢线的形状

3. 滚筒模切压痕刀具

　　滚筒模切压痕刀具主要用于圆压圆模切机，它分为模切刀具和压痕刀具。钢刀和钢线的基本形状是圆环形和直角形，高度一般为 21.3～26.7mm，厚度一般为 1.05～2.13mm（3～6 点），也可以按照要求定做钢刀和钢线。钢刀的刃口形状有平直形、齿形、针孔形、波浪形等。

　　滚筒式模切压痕刀具可分为组合式和整体式，组合式一般是通过磁性将模切刀、压痕线与滚筒组合成一体，整体式则是把模切刀、压痕线和滚筒加工成一体。

4. 选择模切钢线

　　（1）选择模切钢线的厚度

　　选择模切钢线厚度的标准是：模切钢线厚度大于纸张厚度。例如要加工的纸张厚度为 0.50mm 的话，选择钢线的厚度应为 0.71mm。如图 4-9 所示。

　　（2）选择模切钢线的高度

　　选择模切钢线高度的标准：钢线高度＝模切刀高度（固定）－纸张厚度。一般模切刀高度是固定的值 23.8mm，例如要加工的纸张厚度为 0.30mm 的话，选择钢线的厚度应为 23.8mm－0.30mm＝23.50mm，如图 4-10 所示。

二、压痕模

　　压痕模固定在压印底板上，与钢线一起作用，以保证产品压痕线的清晰、容易折叠成型。常用的压痕模有石膏压痕模、纤维板压痕模、钢制压痕模和自粘式压痕模。

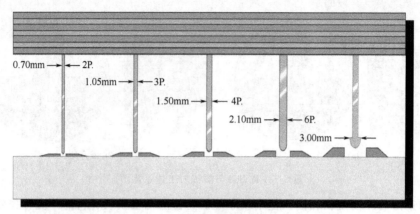

0.70mm → 2P.

1.05mm → 3P.

1.50mm → 4P.

2.10mm → 6P.

3.00mm

图 4-9 选择钢线的厚度示意图

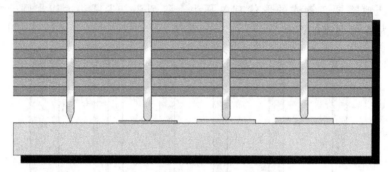

图 4-10 选择钢线的高度示意图

石膏压痕模是在压印底板上粘一层黄板纸，黄板纸上涂一层石膏浆，石膏浆用细净石膏粉拌入胶水调和而成，石膏层厚度与压痕物的厚度有关。涂好石膏浆层后，将压印底板连同石膏层一起放入模切压痕机，定位固定后把模压刀版也装入机器中，开动机器在石膏层上压出印痕，经修整后即成压痕模。石膏压痕模适用于较厚承印物的压痕。

纤维板压痕模是把耐磨的纸板用黏合剂粘贴在压痕底板上，纸板的厚度约等于承印物的厚度。将粘贴好纸板的压痕底板放入模切压痕机，开动机器在纸板上压出印痕。取出压痕底板，用刻刀把压出痕迹部分的纸板刻掉，刻掉的宽度应通过公式计算。这种材料较坚固耐用，一般用于长版活的模切。

钢制压痕模是使用专用设备在钢制底板上加工出所需的压痕模槽。此类压痕模具有很好的尺寸稳定性和机械强度，适合产品批量特大的情况。

自粘式压痕模也称速装压痕模，是模切压痕加工中最常用的压痕模。它由压痕模、定位塑料条、强力底胶条和保护胶贴组成，图 4-11 为自粘式压痕模断面结构示意图。

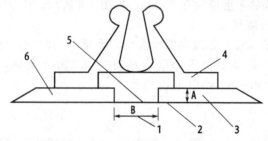

图 4-11 自粘式压痕模断面结构示意图

1—压痕模槽宽；2—保护胶贴；3—压痕模厚度；4—定位条；5—强力底胶片；6—压痕模

压痕模用于完成承印物的压痕，为自粘式压痕模的主要部分；定位塑料条用于压痕模的定位；强力底胶条是用来把压痕模粘贴在模压底板上；而在日常运输和保存中，保护胶贴是用来保护底胶的。

常见的自粘式压痕模种类有普通型、超窄型、单边狭窄型、连坑型和斜角型。普通型压痕模适合于大多数情况下的压痕，超窄型压痕模用于钢刀和钢线距离较近的位置，单边狭窄型压痕模用于钢线与钢线距离较近的位置，连坑型压痕模适用于两条以上较近距离的压痕线，而斜角型压痕模是瓦楞纸板专用压痕模。

三、海绵胶条

钢刀和钢线安装完毕后，为防止模切刀在模压过程中黏住纸张，保证走纸顺畅，需要在钢刀两侧粘贴海绵胶条。海绵胶条在模切压痕工艺中起到的作用非常重要，它直接影响模切操作时的速度以及模切产品的质量。

海绵胶条可分为透气性海绵胶条、密封型海绵胶条、微孔密封型海绵胶条、固体型海绵胶条和拱型海绵胶条，如图 4-12 所示，其中前面四种胶条均为方形胶条。每一类胶条都有不同的硬度和尺寸以供选择，不同模切机可根据模切速度、模切产品的要求以及其他相关条件选择合适的海绵胶条。

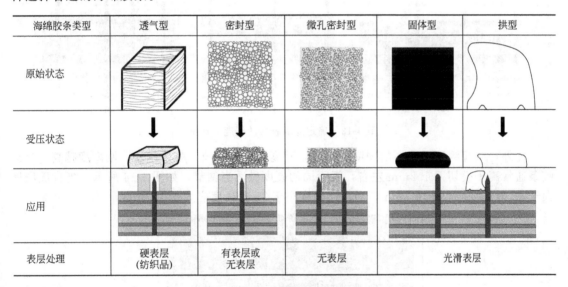

海绵胶条类型	透气型	密封型	微孔密封型	固体型	拱型
原始状态					
受压状态					
应用					
表层处理	硬表层(纺织品)	有表层或无表层	无表层	光滑表层	

图 4-12 各类海绵胶条示意图

海绵胶条基本工作性能见表 4-1。

表 4-1 海绵胶条基本工作性能

海绵胶条类型	透 气 型	密 封 型	微孔密封型
硬度（HA）	35	约 20	45
建议压缩率/%	35	50	30
模切次数	1000000	250000	7000000
年限	2	3	20
模切速度	9000h^{-1}	7500h^{-1}	14000h^{-1}
应用	卡纸瓦楞纸	瓦楞纸的平面模切滚筒模切	烟盒狭窄位

弹性海绵胶条在模压过程中起着非常重要的作用，其硬度的选择、高度的控制以及粘贴

位置都直接影响到模切速度和质量。不同模切机应该根据模切速度、模切产品要求以及其他相关条件选择不同硬度、尺寸的海绵胶条。选择海绵胶条的基本原则如下：

① 硬性海绵胶条多放于模切刀口的下沿空当处，软性海绵胶条都放在模切刀的内侧或钢刀与钢刀之间；

② 模切刀之间的距离小于 8mm 时，可选择肖式硬度为 40～60 左右的海绵胶条，如图 4-13（a）所示；

③ 模切刀之间的距离大于 8mm 时，可选择肖式硬度为 20～35 左右的海绵胶条，如图 4-13（b）所示；

④ 模切刀和压痕线的距离小于 10mm 时，可选择肖式硬度为 45～70 左右的拱型海绵胶条，如图 4-13（c）所示；

⑤ 模切刀和压痕线的距离大于 10mm 时，可选择肖式硬度为 35～55 左右的拱型海绵胶条，如图 4-13（c）所示；

⑥ 相同硬度的海绵胶条，其高度应保持相同；

⑦ 硬度越小的海绵胶条，其高度应当越高。

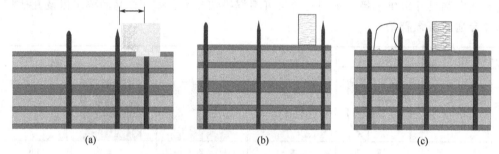

图 4-13　确定海绵胶条的硬度示意图

此外，当海绵胶条选择的硬度一致时，其高度也应相同。胶条越软，则高度越高。海绵胶条通常高于模切刀 1.2mm 左右，视不同的硬度做适当调节，如图 4-14 所示，当肖氏硬度大于 35 时高度应小于 1.2mm，当肖氏硬度小于 35 时高度应大于 1.2mm。

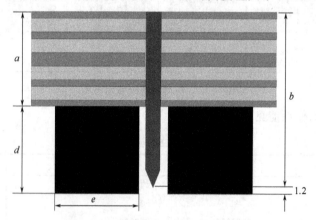

图 4-14　确定海绵胶条的高度示意图

a—木板的厚度；b—木板与海绵胶的厚度之和；d—海绵胶条的高度；e—海绵胶条的宽度

选择海绵胶条的注意事项有以下几方面。

① **当模切刀与钢线非常接近时，不应该选用太硬或太宽的海绵胶条**，否则会使卡纸在压痕线边缘上压出不应有的痕迹，如图 4-15 所示。

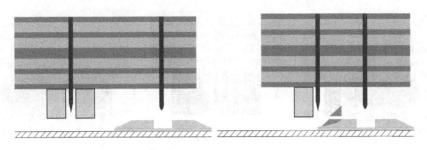

图 4-15 模切刀与钢线非常接近时示意图

② 相同硬度的海绵胶条，其高度也应相同；越软的海绵胶条，高度应当越高。这样，海绵胶条的高度正确的话，模切版制作会更快速。如图 4-16 所示。

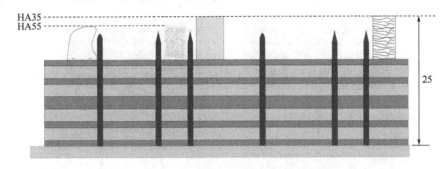

图 4-16 海绵胶条安装高度示意图

③ 在模切版上要均匀分布海绵胶条，海绵胶的数量、硬度、高度应在各个位置进行均衡的分布，并非只有模切刀的位置才放海绵胶条，在某些大面积没有模切刀的区域也应适当布置海绵胶条，这样才能使模切版平均地承受模切压力。如图 4-17 所示。

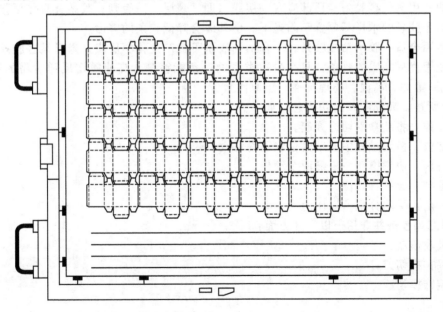

图 4-17 海绵胶条均匀分布在模切版上的示意图

④ **海绵胶条与模切刀之间应保持适当距离**，一般在海绵胶条与模切刀之间保持 1.0mm 左右的距离，可视不同海绵胶条受压后的膨胀程度做适当的调节，如图 4-18 所示。

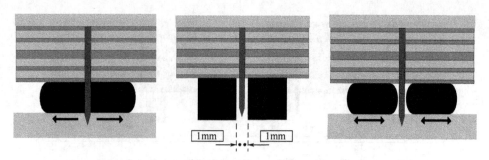

图 4-18　海绵胶条与模切刀之间保持适当距离示意图

⑤ 在模切刀的打口位使用拱型胶条，因为拱型胶条与模切刀之间形成负角，在模切受压时可以减少纸张向两边的张力，保护纸张的连接位（即打口位）。如图 4-19 所示。

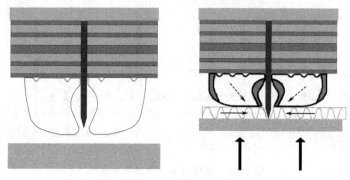

图 4-19　模切刀的打口位使用拱型胶条的示意图

⑥ 尽可能使用高度与厚度相近或相同的反弹胶条，这样可以使分配压力更佳。

⑦ 不要使用"旧"胶条。旧胶条会变干，失去足够弹性。

⑧ 如使用透气型胶条，顶部应有一层膜（即"表层"）。否则，胶条会吸住纸张。

⑨ 装上胶条的木样不要置于阳光下。紫外线会降低胶条的寿命。

⑩ 使用合适的胶水粘接胶条。不合适的胶水可能产生化学反应，降低某些胶条的弹性。

⑪ 使用优良品质的胶条，只有少数类型的胶条能够符合高速模切反弹所需的特性，如弹性、抗摩擦力、高温、物理抗性、还原次数。

综上所述，海绵胶条的功能总结如下。

① 反弹：将纸盒沿切边弹起。

② 定位：模切过程中使纸盒位置不易移动。

③ 协调：协调模切与压痕两个动作。

④ 保护：保护打口位。

⑤ 平衡：平均分配模切压力。

反弹海绵胶条并非用于以下几方面：

① 吸收震动；

② 保护模切刀；

③ 装饰模切版。

四、衬空材料

衬空材料也称填空材料，用于固定模切压痕刀具。常见的有铅衬空材料、木板衬空材料、纤维塑胶板衬空材料和钢质板衬空材料。无论是哪类衬空材料均要求有良好的质量和加工方便性，有良好的平整性、坚固性，要尽可能轻而硬，同时保证多次更换新钢刀、新钢线后仍能保持良好的结合，且尺寸不发生变化。

铅衬空材料包括各种规格的空铅、衬铅和铅条等，其规格与活字排版的衬空材料相同。其特点是排版操作简单方便、改版灵活性好、重复使用率高、成本低、实用性强，但排刀技术要求和难度高于木板衬空材料。

木板衬空材料包括各类木板、锌木合钉板、胶合板等，由于胶合板纤维交错，故多使用多层胶合板，它是最常用的一类衬空材料。多层胶合板作为衬空材料时制版精度较高，加工方便，成本低，质轻，装拆刀版省时省力，操作方便。常用的胶合板一般为8～12层，厚度为12～18mm。但木材衬空材料受环境温湿度变化的影响较大，木材吸水膨胀，脱水萎缩，易产生变形，尺寸不稳定，影响模切压痕精度。因此在生产过程中，遇临时停机或停机时间较长时要在模切板上覆盖物品，以防止或减少模切版因环境变化而产生的变形。

纤维塑胶板是一种含高无机成分的材料，此类材料不受温湿度变化，尺寸稳定性好，是较好的模切压痕衬空材料。

钢质板如钢型刻板、钢板刻板等，作为衬空材料同样不受温度和湿度的变化影响，尺寸稳定性好，但制版时需经机械加工，因而工艺复杂，难度较高，重复使用率低，成本高，周期长；但坚固耐用，比较适用于大批量或定型产品的模切。

第三节　模切压痕版的制作

模切压痕版的种类主要有两种：平式模压版和圆式模压版。常用的是平式模压版。模切压痕版的制作也称为排刀，是指将钢刀、钢线、压痕模、衬空材料等按照规定的要求制作成模压版的过程。平式模压版的制作工艺流程如下：

绘制轮廓图→切割底板→钢刀、钢线裁切成型→组合拼版→开连接点→贴海绵胶条→试切垫版→粘贴压痕底模→试模切→签样。

一、模切压痕轮廓图的绘制

绘制模切压痕轮廓图时，为使模压版的钢刀、钢线具有较好的模切适性，产品设计时应注意以下几点要求。

① 开槽开孔的刀线应尽量采用整线，线条转弯处应带圆角或带有一定弧度，防止出现相互垂直的阀刀拼接，如图4-20（a）所示。

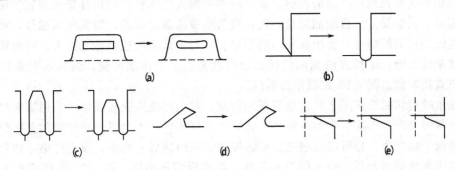

图 4-20　产品设计搭接处示意图

② 两条线的接头处应避免出现尖角现象，如图 4-20 (b) 所示。

③ 避免多个相邻狭窄废边的连接，应增大其连接部分，以便于清废，如图 4-20 (c) 所示。

④ 防止出现连续的多个尖角，对无功能性要求的尖角可改成圆角，如图 4-20 (d) 所示。

⑤ 防止尖角线截止于另一个直线的中间段落，这样会使固刀困难、钢刀易松动，并降低模切适性；应改为圆弧或加大其接触角，如图 4-20 (e) 所示。

设计好的模压版面要求如下：

① 要确保模压版面的大小与所选用设备的规格和工作能力相匹配，这样既能保证加工质量，又能较好发挥设备的能力；

② 要保证模压版的格位与印刷格位相符；

③ 工作部分要居于模版的中央位置，线条、图形的移植要保证产品所要求的精度；

④ 版面刀线要对直，纵横刀线互成直角并与模版侧边平行，短刀、短线要对齐。

模切压痕轮廓图是整个产品的展开图，是模压版制作的第一个关键环节。如果产品的印前制作是采用整页拼版系统，可以在制版工序中直接输出模压版轮廓图，这样能有效保证印刷版和模压版的一致性。如果印刷过程中采用的是手工拼版，就需要根据印样的实际尺寸绘制模切压痕轮廓图，注意在大面积封闭图形部分留出若干处"过桥"，"过桥"的宽度根据版面的大小来确定。

二、切割底板

绘制好轮廓图后，按实样大小比例，准确无误地将图复制到底板上，并制出镶嵌刀线的狭缝，而图样复制的准确性及嵌缝的优劣是影响模压工艺质量的关键。底板即衬空材料，切割底板主要有手工切割法、锯床切割法、激光切割法、高压水喷射切割法。手工切割法即将图样绘制或粘贴到底板上，再用线锯锯缝，模版的准确度完全取决于操作者个人的技术水平。

锯床切割法是目前中小型企业自行加工模切版的主要方法。其工作原理利用锯条的上下往返运动，锯条在模版上加工出可装模切刀和压痕线用的窄缝，锯条的厚度等于相应位置模切刀或压痕线的厚度，常用厚度为 0.7～2.0mm、宽度为 1.5～3.0mm 的锯条。锯床上配有电钻，可以在模版上钻孔，钻孔后将锯条穿过底板再进行切割。随着技术的发展，锯床的功能也越来越完善，能配置吸尘系统，能与 CAC/CAM 技术相连接通过计算机来控制完成切割，使开槽质量大为提高。图 4-21 为锯板机。

激光切割法首先是将产品的规格、形状等参数输入计算机，利用计算机编制模切压痕程序，控制单个图形设计，自动加桥位，配合模切压痕机确定版面，为模压版编号，控制配套的阴阳清废底板底模制作，输出激光切割图形。然后由计算机控制激光刀头，在底板上切割出任意复杂的切缝。这种方法制成的模压版精度高，但制作成本高，通常由专业厂家来生产，用户直接定做。图 4-22 为激光切割机。

高压水喷射切割法适用于纤维塑胶板的切割。对于纤维塑胶板来说，采用锯板机或激光切割机切割时会产生烟雾、尘埃或有毒气体，会污染环境，也会影响操作者的身体健康。高压水束类似于激光束，也可以通过电脑精确控制切割的模切轮廓图，没有污染，切割的质量较高。高压水喷射切割后，嵌入钢刀和钢线，组成模切压痕版。图 4-23 为高压水喷射切割机。　此外还有一类新的技术，即利用激光使材料蒸发，以完成各种产品的模切加工，这

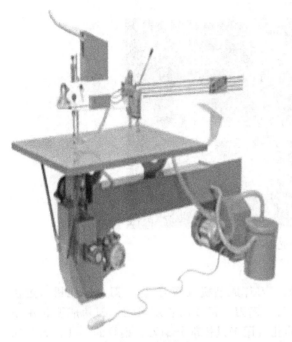
图 4-21　锯板机

图 4-22　激光切割机

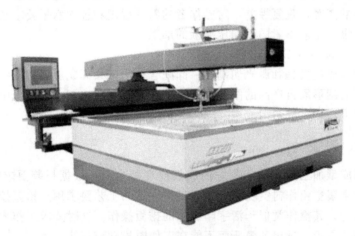
图 4-23　高压水喷射切割机

种方法称为激光数字模切。该模切系统由二氧化碳激光器、电源装置、冷却装置、软件、排烟系统、输纸系统和套准摄像监视系统组成。激光数字模切操作灵活，由于激光可以沿任何方向移动，可以模切出任意复杂的形状，实现模切的个性化。待模切产品的尺寸在印刷和其他类印后加工过程中必然会产生变化，激光数字模切精度可达 0.05mm，足以弥补此类误差。激光数字模切过程中不产生压力，不会损坏被模切材料，适合模切不干胶标签材料。此外激光数字模切可做到联机使用，从而降低废品率。图 4-24 为激光数字模切机。

三、钢刀、钢线的成型

模切压痕版在排刀前首先要将钢刀、钢线按照设计打样的规格和造型进行裁切与成型加工，即根据要求把钢刀、钢线裁切弯曲成相应的长度和形状。常见的有两种成型加工的方法：手工单机成型加工和自动弯刀机成型加工。

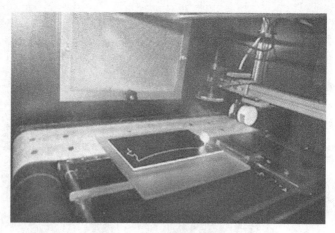

图 4-24　激光数字模切机

1. 手工单机成型加工

这种加工方法需要配备专用的刀片裁切机、刀片成型机（弯刀机）、刀片冲孔机（过桥切刀机）、刀片切角机等。其中，刀片裁切机用于钢刀、钢线的长度裁切，刀片成型机用于钢刀、钢线的圆弧或角度的精确成型，刀片冲孔机用于过桥部分钢刀、钢线的冲孔，刀片切角机用于钢刀、钢线相交处切角的有效切断。手工单机成型加工速度较慢，生产效率低，不能加工精细复杂的图案，重复性差，对操作者的熟练程度和技术水平要求较高。但生产成本较低，适合低质量、工期不紧的模切压痕版的加工。

2. 自动弯刀机成型加工

电脑自动弯刀成型机是和激光切割机一同配合使用，共同完成模切压痕版的制作。其中自动弯刀机所用的图形取自产品的图形设计，工作时图形直接调入计算机中，输入要成型的数量，弯刀机即可自动完成弯刀成型。

四、组合排刀、拼版

钢刀和钢线成型加工后，将切割好的底板放在版台上，根据拼装要求组合成模切压痕版。如果是利用金属空铅作衬空材料，排刀时按一定的工艺要求用空铅直接将刀线固定在模压版的指定位置上，其操作类似于活字印刷中的排版操作。这时要求工作人员能够灵活自如地运用各种规格的空铅，排出的模压版不能在工作时松动或窜线。

如果是以多层胶合板作衬空材料排刀，钢刀、钢线镶嵌入底板的锯缝中后，应与底板的平面垂直，间隙要适当，不应在嵌入或加工中出现变形或扭动等现象。在安装过程中，要将刀、线背部朝下对准相应的底板位置，用专用的倒模锤锤打上部的刃口，将其镶入底板。注意锤打时一定要使用专用的刀模锤或木锤，刀模锤头部应由高弹橡胶或铜制成，这样在锤打刀线刃口时不伤刃口。

五、开连接点

连接点就是在模切刀刃口部开一定宽度的小口，确保在模切后废品边仍有局部连接在整个印张上而不会散开，以便于下一步走纸顺畅。开连接点不能使用锤子和锭子进行操作，而是使用专门的刀线打孔机即砂轮磨削，否则容易损坏钢刀和搭角，并在连接部分产生毛刺。连接点宽度有 0.3mm、0.4mm、0.5mm、0.6mm、0.8mm、1.0mm 等规格，其中常用宽度为 0.4mm。

开连接点时通常要考虑打在成型产品的隐蔽处，如果需要在成型产品的外观处开连接点则要越小越好，以免影响产品的外观。此外过桥的位置和涂胶处不能开连接点，砂轮应垂直于钢刀开连接点。

六、粘贴海绵胶条

排好模切压痕版后，为了防止钢刀在模切时嵌入纸张，需要在钢刀的刃口两侧边粘上海绵胶条，利用海绵胶条的弹性作用将模切的产品从刀口间推出，保证走纸顺畅。

七、试切垫版

模切压痕版加工完毕，需要安装在模切机上进行试切，如果发现样品局部正常而不能切断时，则需要垫版操作，即垫刀或线来保证压力均匀。

垫版操作是使用 0.05mm 厚的垫纸板粘贴在模切版底部，对模切刀的高度进行补偿，当局部垫版后仍有个别部位切不透时则进行位置垫版。位置垫版就是使用 0.02mm、0.03mm、0.05mm 厚的窄条垫纸直接粘贴在模切刀底部进行刀线高度的补偿。

检查模压版版面压力是否均匀可以采用以下方法。

① 纸板和牛皮纸试压。用大于版面的纸板和牛皮纸覆盖在模压版上，进行试压。如发现压痕浅的地方就需进行垫版，如发现压痕深的地方则不需垫版或少垫版。

② 涂墨。用墨辊在模压版上涂墨，然后试压。墨迹深的地方不需垫版或少垫版；墨迹浅的地方则必须垫版。

③ 压复写纸。在复写纸下面铺上白纸，然后将模压版压在复写纸上，试压后观察白纸上复写痕迹。复写痕迹深的地方压力大，则不需垫版或少垫版；复写痕迹浅的地方压力小，则需要进行垫版。

八、粘贴压痕底模

模切压痕版装好后，需要在压印底板上安装压痕底模，和钢线一起作用，以保证压痕清晰，产品容易成型。

不论是什么种类的压痕底模，都需要根据不同的模压产品选择不同宽度和高度的压痕底模。为了防止模切时产生"暗线"和折叠糊盒时纸板折痕处开裂，可以按照以下方法选择压痕底模的型号。

（一）压痕底模的选型

压痕底模的选型有两种情况。

1. 模压产品为卡纸

模压产品为卡纸时，压痕底模的选型如图 4-25 所示。

① 当钢线与纸张的纤维方向垂直时：压痕模的槽深小于等于纸厚，$A \leqslant c$；

压痕模的槽宽＝1.5 倍纸厚＋钢线厚度，$B = (c \times 1.5) + d$。

其中，A 为压痕深度；B 为压痕宽度；c 为卡纸厚度；d 为钢线厚度。

如果纸张厚度测量为 0.4mm，因为知道钢线厚度应该大于纸张厚度，所以可以取钢线厚度为 0.7mm。

根据公式 $A \leqslant c$　　$B = (c \times 1.5) + d$

可取 $A = 0.4$mm　$B = (c \times 1.5) + d = (0.4\text{mm} \times 1.5) + 0.7\text{mm} = 1.3\text{mm}$

所以压痕底模选用的是 0.4mm×1.3mm。

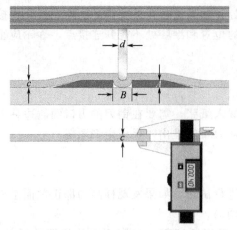

图 4-25　适合卡纸的压痕底模选型　　　　图 4-26　适合瓦楞纸板的压痕底模选型

② 当钢线与纸张的纤维方向平行时：压痕模的槽深＝纸厚；压痕模的槽宽＝1.3 倍纸厚＋钢线厚度。

2. 模压产品为瓦楞纸板

模压产品为瓦楞纸板时，压痕底模的选型如图 4-26 所示。

确认压痕底模的规格后，可根据产品要求进行粘贴压痕模。

压痕模的槽深大于等于纸厚，即 $A \geqslant e$；压痕模的槽宽＝2 倍压平后的瓦楞纸板厚度加上钢线厚度，$B = (e \times 2) + d$。

其中，A 为压痕深度；B 为压痕宽度；c 为瓦楞纸原厚度；d 为钢线厚度；e 为压平后的瓦楞纸板厚度。

如果压平后的瓦楞纸板厚度为 1.0mm，因为知道钢线厚度应该大于等于瓦楞纸张厚度，所以可取钢线厚度为 1.0mm。

根据公式 $A \geqslant e$　　　$B = (e \times 2) + d$

可取 $A = 1.0$mm　　$B = (e \times 2) + d = (1.0\text{mm} \times 2) + 1.0\text{mm} = 3.0\text{mm}$

所以压痕底模选用的是 1.0mm×3.0mm。

（二）安装流程

（1）自粘式压痕底模的安装流程

① 按照产品的尺寸量取所需压痕底模的长度并进行裁切，裁切后底模两端成 90°尖角。

② 把压痕底模上的定位塑料条连同底模卡在模压版的钢线上。

③ 剥离压痕底模上的保护胶条。

④ 将装好压痕底模的模压版安装在模切压痕机上，定位固紧，然后开动模压机，让压痕底模固定在压印底板上。

⑤ 压痕底模固定后，撕掉定位条。

⑥ 用橡胶锤击打压痕底模进行加固处理，同时可以用砂纸对与走纸方向相反的压痕底模尖角进行打磨处理。

（2）纤维板压痕底模的安装流程

① 用固定栓把划出线坑的压痕底模固定在模压版上。

② 撕去不干胶保护层。

③ 将装好压痕底模的模压版安装在模切压痕机上，定位固定，然后开动模压机，让压痕底模固定在压印底板上。

④ 取出模压版上的固定栓。

通过以上几个工序，平式模切压痕版的制作基本完成，但是在正式生产前必须经过试模切、调整、检查，产品生产无误且经客户确认签样后，方可进行正式生产。生产过程中，操作人员与质量检查人员应随时注意检查模切压痕质量。

圆压圆模切辊的制作主要有两种方法：一种是直接加工法，即先将滚筒整体硬化至中等硬度［约洛氏硬度（HRC）30～40］，然后在数控机床上直接加工而成的经济型、小批量生产的模切辊；另一种方法是电火花加工法，即在加工模切辊的刀片前，先将滚筒基体进行整体处理，使其硬度达到 HRC 57～62，表层 1.5nm 内硬度可达 HRC 60～62，然后采用电火花加工方式将由计算机设计的刀片形状和排列十分精确地再现在滚筒体上。

第四节　模切压痕设备的调整

能用于模切压痕加工的设备称为模切压痕机，根据压印形式可分为平压平型、圆压平型和圆压圆型三种。

一、平压平模切压痕机

平压平模切压痕机有立式和卧式两种，规格有四开、对开、全张等，其中卧式平压平模切压痕机是主要机型，应用很广泛。

1. 立式平压平模切压痕机

立式平压平模切压痕机的版台和压板都是平板状，且为垂直放置，如图 4-27 所示。工作时，版台固定不动，压板经传动压向版台，从而实现对版台施压。根据压板运动轨迹不同，可分为两类：一类是压板绕固定铰链摆动，这样造成在模压开始时压板工作面和版台有一定倾斜角，容易出现模切版下部压力过重而上部还未切透的现象；另一类是压板做复合运动，其回转中心不是固定的，连同滑块在机身的滑移轨道上移动，确保压板的工作面与版台平行时才进行压印，这样能确保压板和版台各处平行接触，各点受力和压印时间相等，从而达到整个版面压力均匀一致的目的。

图 4-27　立式平压平模切压痕机

立式平压平模切压痕机具有结构简单、维修方便、易于掌握和操作等优点，但多数为手工续纸，劳动强度大，生产效率低，模切压痕的幅面较小，适用于小批量产品的生产。

2. 卧式平压平模切压痕机

卧式平压平模切压痕机自动化程度高，换版容易，模切精度高，市场占有率较高，其版台和压印平板的工作面呈水平位置。常见机型如图 4-28 所示。

卧式平压平模切压痕机总体结构与单张纸胶印机结构相类似，主要由输纸装置、模切压痕装置、排废装置、收纸装置和控制系统组成。

（1）输纸装置

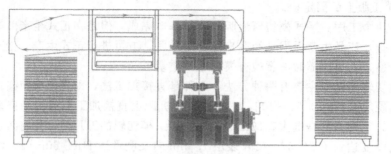

图 4-28　卧式平压平模切压痕机

输纸装置多为自动输纸方式，可分为摩擦式和气动式两种。目前广泛使用的是气动式输纸装置，由传动机构、分纸机构、输送机构、输纸台机构、定位机构、检测机构和气路系统组成。

传动机构是用于传递输纸装置所需的运动和动力；分纸机构是将输纸台上的纸张或纸板逐渐分开并送到输送机构；输送机构把分纸机构送过来的纸张或纸板送到定位机构进行定位；输纸台机构是用于堆放材料并能自动上升，确保工作时纸堆保持一定的高度；定位机构包括前规和侧规，前规确定纸张或纸板叼口的位置，侧规确定侧边的位置，从而进行定位；检测机构则用于检测双张或空张，当出现双张或空张故障时，检测机构会发出信号，机器停止工作；气路系统包括气泵、气路、气阀，其作用是供给分纸机构各个气嘴气量并进行控制。

（2）模切压痕装置

模切压痕装置由上部压盘、压印板和传动机构组成。上部压盘用于安装模压版，压印板用于安装压痕底模，传动机构通常由曲柄轴带动四组肘杆上下移动压印板来完成模切压痕作业。模切压痕装置部分属施压装置，该部分设有压力渐进和压力延时装置，可按模压工艺的需要设计保压时间，这样可以保证压力可调节，且可实现不停机调节和停机调节。

（3）排废装置

印刷品模切后挂连的废纸板称为尾料，可用人工敲落。带自动清废装置的模切压痕机才配有排废装置，它能去除咬纸牙咬住的纸板之外的废纸边，提高机器的运行效率和生产效率。

排废装置和模切压痕装置的压印板联动，可进行上下运动。排废装置中的预调整台能预调整，上部放置带销钉的咬纸槽，下部装有阴模的胶合板或带销钉的挂杆，当它们联动时，可以排除废纸屑。

（4）收纸装置

经过模切压痕和排除纸屑后，纸张或纸板由咬牙排送至收纸台，这一过程由收纸装置来完成。收纸装置由传送装置、收纸台、收纸台升降机构组成。

传送装置由链条和咬纸牙组成，与单张纸胶印机的结构相似。收纸台的作用是存放已经模切过的纸张或纸板，它配有纸板闯齐机构来保证材料在收纸台上自动闯齐。收纸台升降机构可手动、电动或自动升降。

二、圆压平模切压痕机

圆压平模切压痕机主要由做往复运动的平面版台和转动的滚筒组成，如图 4-29 所示。工作中，版台向前移动，滚筒压住纸板，并以与版台相同的表面线速度转动，即对纸板

图 4-29 圆压平模切压痕机

进行模切与压痕。复位时，版台向后退回，压力滚筒工作表面不与模切版接触。圆压平模切压痕机根据模压滚筒在一个工作循环中不同的旋转情况，又可分为停回转、一回转、二回转等几种，正反转圆压平模压机属简易型。

因圆压平模切压痕机采用压力滚筒代替压板，模切时不再是面接触，而是线接触，故机器在模压时承受的压力较小，因而机器的负载比较平稳，可进行较大幅面的模切。但压力滚筒与版台对滚筒产生的分力容易引起刀线刃口的变形或移位，从而影响模切质量。

三、圆压圆模切压痕机

圆压圆模切压痕机是把钢刀、钢线排在一个滚筒上，压痕模安装在另一个滚筒上，两个滚筒组成一组，两者以对滚压的形式作业。工作时单张或卷筒的纸张或纸板送到两个滚筒之间，两滚筒夹住材料对滚，完成模压工作。如图 4-30 所示。

图 4-30 圆压圆模切压痕机

由于圆压圆模压机工作时滚筒连续旋转，适合高速下工作，因此生产效率是各类模压机构中最高的。但模切版要弯曲成曲面，制版、装版工艺复杂，成本也较高。圆压圆模压机适合于大批量生产，特别适合与印刷机组成联动生产线。

圆压圆模压机的模切方式，一般分为硬切法和软切法两种。硬切法是指模切时模切刀与压力滚筒表面硬性接触，模切力量大，模切刀容易磨损。软切法是指在压力滚筒的表面覆盖一层塑料，模切时切刀可有一定的吃刀深度，这样既可保护切刀，又能保证完全切断。

模切设备目前向印刷、模切组合方向发展，将模切机构和印刷机连成一条自动生产线，结构形式也是多种多样的。这种生产线由进料、印刷、模切、送出四部分组成。进料部分间歇地将纸板输入到印刷部分。印刷部分可由 4～8 色印刷单元组成，可采用凹版、胶版、柔性版等不同印刷方法。生产线中备有专用的自动干燥系统。

生产线中的模切部分可以是平压平模压机，也可以是圆压平模压机，且都备有清废装置，可自动排除模切后产生的边角废料。

第五节　模切压痕工艺过程与控制

一、模切压痕工艺过程

通常情况下，在模切压痕机上的操作工艺流程为：

装模压版→调整压力→确定规矩→试压模切→正式模切→整理清废→成品检查→点数包装

装模压版之前，应校对版面，确认符合要求后方可进行安装。将模压版安装固定在模切压痕机的版框中，初步调整好位置，获取初步模切压痕效果。安装模压版后，需对版面压力进行调整，调整时注意应先调整钢刀压力，再调整钢线压力。

调整钢刀压力时，要在垫纸后先开机压印几次，目的是将钢刀碰平、靠紧垫版，然后用面积大于模切版版面的纸板（通常使用 $400～500 \mathrm{g/m^2}$）进行试压，根据钢刀切在纸板上的切痕，采用局部或全部逐渐增加或减少垫纸层数的方法，使版面各刀线压力达到均匀一致。

调整完钢刀压力后再调整钢线的压力。模切压痕时一般选择模切刀的规格为 23.8mm，而钢线比钢刀低 0.8mm，为使钢线和钢刀均获得理想的压力，应根据所模压纸板的性质对钢线的压力进行调整。在只将纸板厚度作为主要因素来考虑时，一般根据所压纸板的厚度，采用理论计算法或以测试为基础的经验估算法来确定垫纸的厚度。

采用理论计算法计算垫纸厚度的公式如下：

$$X = (钢刀高度 - 钢线高度) - h$$

式中，X 为垫纸厚度；h 为被压切纸板的厚度。

符合这个公式要求，模切和压痕均能达到质量要求。但在实际生产中由于各种因素的影响，虽然根据公式计算出的结论符合要求，但是仍有可能出现模切粘连的现象。因此可以根据理论计算法的结论，根据实际情况进行估算，通常垫纸厚度比计算值小 0.05～0.1mm。

钢刀和钢线的垫纸都垫好后，试压并检查试压后产品表面各压痕线及钢刀裁切情况，再进行必要的压力调整，使版面压力符合质量要求。

在版面压力调整好以后，应将模压版固定好，以防模压中错位。紧接着要确定规矩，规矩是在模切压痕加工中用以确定被加工纸板相对于模版位置的依据。确定规矩位置时，应根据产品规格要求合理选定，一般以尽量使模压产品居中为原则。

确定规矩位置后，粘贴定位规矩，然后试压几张产品，仔细检查。如果是折叠纸盒还需折叠成型，查验质量后方可正式生产。在一切调整工作就绪后，应先模压出样张，并做一次全面检查，看产品各项指标是否符合要求，在确认所检各项均达到标准，留出样张，待客户签样后即可正式开机生产。每工作一天，都应重新对产品各项要求检查一次，以便及早发现问题并进行处理。

对模切压痕加工后的产品，应将多余边料清除，称为清废，也称落料、除屑、撕边、敲芯等，即将盒芯从坯料中取出并进行清理。清理后的产品切口应平整光洁，必要时应用砂纸对切口进行打磨或用刮刀刮光。清理后再进行成品检查，在产品质量检验合格后进行点数包装，点数中剔除残次品，其误差一般不得超过万分之二至万分之三。

在模切压痕工艺过程中主要考虑的工艺参数有模切压力、工作幅面尺寸和模切速度。

二、模切压力的确定

模切压痕机工作能力的大小是由模切压力大小来决定的，在模压加工中，由于加工对象及各项要求不同，一般应预先计算模压所需的力，借以选择和调整机器，并指导模压加工。

确定模切压力大小的方法有多种，模切压力的理论计算公式如下：

$$P = K\sigma A$$

式中，P 为模压所需要的力；σ 为模压中单位面积剪切应力值，其参考值见表 4-2；A 为模压分离面的实际面积，可根据模切材料厚度和周长来计算；K 为考虑模压过程的实际条件和各种技术因素影响的系数，K 值范围在 0.76~1.34 之间。

表 4-2 模压中单位面积剪切应力 σ 参考表

纸板厚度/mm	<0.5	<1.5	<3.0	<4.5	>4.5
模压中单位面积剪切应力值 $\sigma/(\text{kgf} \cdot \text{mm}^{-2})$ [①]	<14	11~13	10~12	9~10	<9

在工厂实际生产中，往往以试验法来确定各单位长度上的模切力 F 的数值，然后再计算模切压力的大小，即先在试验材料用的压力机上装上一定长度的钢刀和钢线，再放上需加工的纸板，对纸板加压，直到切断和压出要求的线痕为止，记下此时压力 P 的读数，重复10 次，取其平均值，再将测得的压力 P 除以切口和压线的总长度 L，即可求得单位长度的平均模切力 F。因此在实际模压时所需的模切压力可用下式计算：

$$P_1 = K_1 L F$$

式中，P_1 为模切压力；L 为模切周边总长（包括切口和压线）；F 为单位长度切口和压线的模切力；K_1 为考虑实际生产中各种不利因素的系数，取 $K_1 = 1.3$。

模压版在使用一段时间后，需要对其进行修整。修整分为两类：大面积修整和细微修整。

1. 大面积修整

对于平压平模切压痕机而言，模切版大面积受力，即便使用均匀的模压版机模切，模压版中心区域的受力总是比四周小，模切一段时间后在产品上就能反映出问题。因此使用一段时间后需要对模压版进行大面积修整，即在一张纸上挖出相应大小的面积，贴在垫纸的后面，一起作为垫版用。

2. 细微修整

细微修整是指对模切样张上标出的模切压痕不理想处，在垫版纸上对应的线条处修整带进行局部修整。在卧式平压平模切压痕机中，上部压盘可以抽出并翻转，因此可以在版框背面的垫版纸上进行局部细微修整。修整带分白色（瓦楞纸板）、黄色、红色、蓝色四种，其对应厚度依次为 0.1mm、0.08mm、0.05mm、0.03mm。

注意：在细微修整时不得将两条纸带垂直重叠修整，此外纸带距压痕线至少 1mm。

---

① kgf 为非法定计量单位，1kgf＝9.80665N。

三、工作幅面尺寸的确定

工作幅面的大小从另一角度反映了模切机的工作能力，根据所能加工幅面的大小，模切机可分为全张、对开、四开、八开等不同规格，其具体尺寸随不同的生产厂家而略有不同。

四、模切速度的确定

模切速度与模切机的工作频率有关，是直接影响模切压痕生产率的工艺因素，而且一般说来，模压速度增加，模切压力也会有所增加。

第六节　模切压痕常见故障与解决方法

模切压痕加工中常见故障及处理方法如下。

1. 模切压痕位置不准确

产生原因：版面尺寸计算不精确；排刀位置与印刷产品不相符；模切与印刷的格位未对正；纸板叼口规矩不一致；模切操作中输纸位置不一致；操作中纸板变形或伸张，套印不准。

解决方法：重新计算产品尺寸并重新制模压版；根据产品位置要求，重新校正模版；套正印刷与模切格位；调整模切输纸定位规矩，使其输纸位置保持一致；针对产生故障的原因，减少印刷和材料本身缺陷对模切质量的影响。

2. 模切刃口不光洁

产生原因：钢刀质量不良，刃口不锋利，模切适性差；钢刀刃口磨损严重，未及时更换；机器压力不够；模切压力调整时，钢刀处垫纸处理不当，模切时压力不适。

解决方法：根据模切纸板的不同性能，选用不同质量特性的钢刀，提高其模切适性；经常检查钢刀刃口及磨损情况，及时更换新的钢刀；适当增加模切机的模切压力；重新调整钢刀压力并更换垫纸。

3. 压痕线为暗线或炸线

暗线是指不应有的压痕；炸线是指由于压痕压力过重，纸板断裂。

产生原因：钢线垫纸厚度计算不准确，垫纸过低或过高；钢线选择不合适；模压机压力调整不当，过大或过小；纸质太差，纸张含水量过低，使其脆性增大，韧性降低；压痕槽宽与纸张纤维排列方向不匹配。

解决方法：重新计算并调整钢线垫纸厚度；检查钢线选择是否合适；适当调整模切机的压力大小；根据模压纸板状况调整模切压痕工艺条件，使两者尽量适应；与纸张纤维方向平行的压痕槽宽可选择略窄些，与纤维方向垂直的压痕槽宽可选择略宽些。

4. 压痕线不规则

产生原因：钢线垫纸上的压痕槽留得太宽，纸板压痕时位置不定；钢线垫纸厚度不足，槽形角度不规范，出现多余的圆角；排刀、固刀紧度不合适，钢线太紧，底部不能同压板平面实现理想接触，压痕时易出现扭动，钢线太松，压痕时易左右窜动。

解决方法：更换钢线垫纸，将压痕槽留得窄一点；增加钢线垫纸厚度，修整槽角；排刀固刀对其紧度适宜。

5. 模切后纸板与模压版粘连

产生原因：刀口周围填塞的橡皮过稀，引起回弹力不足，或橡皮硬、中、软性的性能选用不合适；钢刀刃口不锋利，纸张厚度过大，引起夹刀或模切时压力过大。

解决方法：根据模版钢刀分布情况合理选用不同硬度的橡皮，注意粘塞时要疏密分布适度；适当调整模切压力，必要时更换钢刀。

6. 纸盒折叠成型时，折痕处开裂

产生原因：压痕过深或压痕宽度不够；若是纸板内侧开裂，则为模压压力过大；折叠太深。

解决方法：适当减少钢线垫纸厚度，根据纸板厚度将压痕线加宽；适当减小模切机的压力；改用高度稍低一些的钢线。

复习思考题

1. 模切压痕的特点和作用是什么？
2. 试简述模切压痕的工作原理。
3. 模切压痕排版有哪些形式？各有什么特点？
4. 设计模切压痕版时，一般要注意哪些问题？其工艺流程是什么？
5. 模切压痕工艺主要有哪些工序？各工序有什么作用？
6. 粘贴压痕模的组成和作用是什么？
7. 模切压痕版是怎样制作的？
8. 模切压痕的工艺控制参数有哪些？如何确定？
9. 怎样选用衬空材料和海绵胶条？
10. 压痕底模的选型是怎样的？
11. 平压平模切压痕机的特点和工作原理是什么？
12. 模切压痕刀线是怎样选用的？
13. 模切压痕常见故障与解决方法是什么？

第五章

烫金与折光

第一节 概　述

　　烫金也称烫印、烫箔，它是指以金属箔或颜料箔通过热压或其他方式转印到印刷品或其他物品表面，提高产品的装饰效果，它属于产品整饰加工的一种方法。

　　烫金可分为金属箔烫金、电化铝烫金和粉箔烫金，目前大部分采用的是电化铝烫金工艺。由于包装品的用途、要求不同，烫金的形式也有所不同，根据烫金温度可分为冷烫工艺和热烫工艺，根据烫金效果可分为平面烫金、立体烫金和全息烫，根据烫金材料可分为金箔烫金、银箔烫金、铜箔烫金、铝箔烫金、粉箔烫金、电化铝烫金，其中较为常见的是电化铝平面热烫金加工。

　　烫印的原理实质是转印，是把烫金纸上面的图案通过热和压力的作用转移到承印物上面的工艺过程。烫印时，烫金纸的黏结层熔化，与承印物表面形成附着力，同时烫金纸的离型剂的硅树脂流动，使金属箔与载体薄膜发生分离，载体薄膜上面的图文就被转移到承印物上面。

　　与印金、印银相比，由于金、银墨长时间与空气接触会发生氧化反应，使金、银色逐渐变暗、变黑，影响产品外观效果。而烫金使用的电化铝箔化学性质稳定，可以长时间不变色，长时间接触空气不变色、不变暗，能长久保持金属光泽。此外电化铝箔材料的颜色除传统的金色、银色外，还有红色、蓝色、绿色等各种颜色，且成本较低，加上烫金工艺简单，易于操作，因此有较好的经济效益。

　　目前，烫金的应用范围十分广泛，除了用于书刊封面的点缀，还广泛应用于月历、年历、贺卡、产品说明书等，特别是包装装潢印刷品的表面装饰。烫金技术之所以能广泛应用并得以迅速发展，主要是由于它自身工艺的特点适应了社会的需要。首先，由于金属箔具有特殊的金属光泽和华贵、富丽堂皇的本色，可以在印刷品画面上产生强烈的对比，从而使不同的印刷品增添鲜艳的色泽而获得晶莹夺目的效果，增加产品的档次，并使用户在阅读书籍和使用印刷品的同时得到美的享受。其次，烫印的对象广泛，它不但可以在印刷品、纸张表面烫印，还可以在塑料、皮革、棉布等表面进行烫印；在用颜色和图案来增加效果的场合，烫印的用途更是无限的，而且工艺操作简单。再次，烫金能赋予产品较高的防伪性能，如采用全息定位烫印方式，就能起到很好的防伪作用。此外烫金还是一种干式加工方法，工件烫印后可立即包装、运输。所以烫印技术目前广泛采用，并且烫印的适用范围还在不断扩大。

第二节 烫金材料的选用

烫金材料是指在纸张、织品、皮革、涂布面料等材料上用热压方法烫粘上各种图文的材料，如金属箔、电化铝箔、粉箔等材料，也包括烫印时的各种助粘材料。

一、金属箔的分类、结构与选用

金属箔是将一些延展性好的带有光泽的和外观好看的金属经过压延成极薄的箔片，然后在一面涂上黏合剂，便可用于烫金操作。金属箔的种类有金箔、银箔、铜箔和铝箔几种，其中金箔使用较多，使用时间也最长。

1. 金箔

金箔也称赤金箔，是用纯金延展成的极薄箔片烫印材料。纯金外表十分华丽、质地柔软、化学性能稳定，不容易氧化而失去光泽，而且延展性能是金属中最好的一种，用于烫金的金箔其延展的厚度仅有 $1\mu m$ 左右。

采用金箔进行烫印难度较大，需要有一定的操作技能和经验，烫印出的产品颜色和光泽具有很长的持久性。但金箔价格昂贵，因此限制了它的使用范围，只限于有价值的贵重书籍、珍贵画册和一些高档的包装品上进行装饰使用，而一般书刊和包装品的金色均用电化铝代替。

2. 银箔

银箔是以纯白银经延展成箔的烫印材料。白银质软，延展性仅次于纯金，因此纯银箔比赤金箔略厚。白银外表华丽、化学性能较稳定，宜长久保存，虽价格比金便宜得多，也是一种贵重材料。在没有电化铝箔以前，银色的印迹都是用白银制箔烫印的。

银箔的加工、包装、烫印加工与金箔基本相同，但银箔较厚，烫印时比金箔方便省事。银箔的使用历史也很长，使用数量却很少，因为一般有保存价值的书籍和高档包装品的装饰均以用金为主、用银为辅。

3. 铜箔

铜的延展性不如纯金和白银，因此铜箔的制作方法是在用树脂或蜡类物质浸润过的透明纸基上压上一层树脂黏结料，并在上面涂撒预先磨好的黄铜粉，再用胶辊将其压匀，待树脂黏结层干燥后，铜粉成为薄片状，制成铜箔烫印材料。

铜的表面呈金黄色，很像黄金，故又称假金箔。但是铜在空气中易被氧化而变成暗褐色，烫印后的图文经过一段时间后会失去原有光泽，且铜箔的铜粉是涂撒在纸基的树脂胶（或虫胶）层上被黏结的，黏不牢时会脱离散掉，也容易因摩擦而脱落。因此常把铜箔烫印在封面的凹处，或加大烫印压力使印迹压深，以减少摩擦，确保铜粉不会脱落。

4. 铝箔

铝箔是用金属铝直接压延成薄片的一种烫印材料。在没有电化铝箔以前，除需要用白银烫印银色外，其余均用铝箔代替，因此铝箔也称假银箔。

铝的质地柔软、延展性能好，具有银白色的光泽，如果将铝压延后的薄片用硅酸钠等物质裱糊在胶版纸上，可制成铝箔片，还可在上面印刷油墨，作为各种高级包装纸使用。但铝箔本身易氧化颜色变暗，摩擦触摸都会掉色，因此不宜用在长久保存的包装品上。铝箔的烫印加工方法和要求与铜箔基本相同。

二、电化铝箔的分类、结构与选用

电化铝箔是目前烫金加工中使用最为广泛的材料，它是一种在薄膜片基上真空蒸镀一层金属材料而制成的烫印材料。电化铝箔可代替金属箔作为装饰材料，具有华丽美观、色泽鲜艳、晶莹夺目、使用方便等特点，适于在纸张、塑料、皮革、涂布面料、有机玻璃、塑料等材料上进行烫印。

1. 电化铝箔的分类

根据颜色的不同，电化铝箔分为金色、银色、大红色、棕红色、蓝色、绿色、草绿色、翠绿色、淡绿色等数十种颜色，客户可根据实际需求加以选择，其中金色最为常用，其次是银色。

而根据烫印性能和烫印材料的不同，电化铝箔也有不同的型号。例如上海生产的电化铝箔有♯1～♯18，最常用的电化铝箔型号有♯1、♯8、♯12、♯15、♯18。不同型号的电化铝箔烫印性能也有差异，使用时要根据生产厂家的说明加以选择。

电化铝箔的规格为片基厚度和长宽尺寸规格。常用电化铝箔的规格为 $12\mu m$、$16\mu m$、$18\mu m$、$20\mu m$、$25\mu m$ 等类型。长宽尺寸规格为标准规格，电化铝箔的标准规格宽为 450mm、长为 60000mm，使用时可以根据产品规格的实际需要分切需要的宽度。

2. 电化铝箔的结构

常用的电化铝箔由 5 层不同材料构成，如图 5-1 所示。

（1）片基层

片基层也称为基膜层，为双向拉伸涤纶薄膜或聚酯薄膜，主要作用是支撑依附在其上面的各涂层，便于加工时连续烫印。片基层厚度在 $12\sim25\mu m$，国内通常使用 $16\mu m$ 厚的聚酯薄膜，国外用 $12\mu m$ 厚的聚酯薄膜。电化铝箔的片基层在烫印过程中不能因烫印升温而发生变形，应具有强度大、抗拉、耐高温等性能。

（2）隔离层

隔离层也称为剥离层、脱离层，一般由有机硅树脂等涂布而成。主要作用是在烫印（加热加压）

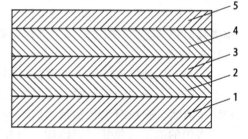

图 5-1 电化铝箔的构成
1—片基层；2—隔离层；3—染色层；
4—镀铝层；5—胶黏层

后使色料、铝、胶层能迅速脱离聚酯薄膜而被转移黏结在被烫印物体的表面上。脱离层要有较好的脱落性能，否则会使烫印的图文模糊不清、露底发花，影响烫印的产品质量。

有的电化铝箔产品没有脱离层，采用与基膜黏附力较小的色层黏料，使色层既能反映颜色又起到脱离作用，这就是四层结构的电化铝箔。

（3）染色层

染色层是电化铝箔的色彩层，主要成分是合成树脂和染料。常用的树脂有聚氨基甲酸酯、硝化纤维素、三聚氰胺甲醛树脂、改性松香脂等。生产时将树脂和染料溶于有机溶剂配成色浆，然后涂布在隔离层上，经烘干后形成彩色薄膜。

染色层的主要作用有两个：一是显示颜色，二是保护烫印在物品表面的镀铝层图文不被氧化。染色层的颜色透过镀铝层后被赋予光泽，颜色有一定变化，如黄色经镀铝后为金色，灰色镀铝后成为银色等，从而获得各类电化铝箔的颜色。

电化铝箔对染色层的涂布要求是细腻无任何小颗粒，以免出砂眼，涂布均匀一致。

（4）镀铝层

将涂布了隔离层和染色层的片基薄膜放置于真空连续镀铝机的真空室内，在一定的真空度下，通过电热器加热至 1500℃，将铝丝熔化并连续蒸发到薄膜的染色层表面，便形成了电化铝箔的镀铝层。

镀铝层的主要作用是利用了铝的高反射性，能较好地反射光线，呈现光彩夺目的金属光泽，使染色层的颜色更加耀眼。

（5）胶黏层

胶黏层一般为易熔的热塑性树脂，如甲基丙烯酸甲酯（乙酯、丁酯）与丙烯酸共聚物，根据被烫印材料的不同，也可选用其他树脂，如古巴胶、虫胶、松香等。将热塑性树脂溶于有机溶剂或配成水乳液，通过涂布机涂布在铝层上，经烘干即成胶黏层。

胶黏层的主要作用是在烫印时，经过加热加压，电化铝箔与被烫物体接触，将镀铝层和染色层粘贴在被烫物体的表面。同时在储存与运输途中，胶黏层还起到保护电化铝箔的作用。

3. 电化铝箔的选用

电化铝箔的型号、性能不一样，适合的被烫印材料也不同。通常电化铝箔的被烫印材料有纸张、纸板及各类纸制品、塑料薄膜及各类塑料制品、皮革、丝绸等，不同的材料其表面结构不同、性能各异，对电化铝箔的烫印适性也不相同。表5-1为各国企业生产的电化铝箔种类及用途。

表 5-1 各国企业生产的电化铝箔种类及用途

国家	型号	用 途	烫印条件	
			温度/℃	时间/s
日本	NV	一般纸、粗面纸、织品布	110～130	0.5～1
	NA	一般纸、印刷纸	110～120	0.5～1
	NS	一般纸、印刷纸、涂料纸等	100～120	0.5～1
	NP	上光纸	110～130	0.5～1
	PP	PP复合薄膜、PP涂料纸等	100～120	0.5～1
	SH	皮革、塑料（除PP）	100～130	0.5～1
	SHP	皮革、塑料、上光纸（除PP）	100～130	0.5～1
	PL	带皮纹皮革、塑料（除PP）	120～140	0.5～1
	SB	透明塑料反面转印	130～180	0.5～1
	SS	塑料万能型（用于所有塑料）	130～150	0.5～1
	SR	压铸橡胶	150～180	0.5～1
	24222	铜版纸、涂料纸、印刷纸、层压纸等	100～130	0.5～1
	12KL-30	人造革、尼龙、涂料纸等	100～130	0.5～1
	23038	ABC、聚碳酸酯、尼龙、硬塑料等	120～160	0.5～1
	83024	ABC、聚苯乙烯、硬塑料、硅酸胶板	160～210	0.8～3
德国	338A 型	各种纸张、织品、涂料纸等	100～140	0.5～1
	338B 型	各种纸张、织品、皮革、涂料类	100～140	0.5～1
美国	维纳斯 400 号	除印有油墨的纸张以外的各种纸张、涂布类面料、织品、漆布、皮革等（专为PVC涂料纸类进口的材料）	100～140	0.5～1
中国	8 号	纸张、皮革、漆布、织品类	100～120	1～2
	12 号	有机玻璃、硬塑料	70～85	2
	12-B（双面金箔）	透明塑料、有机玻璃制品背面	65～85	2
	15 号	软塑料	65～85	2
	1 号	涂料纸、纸张、漆布、织品等	100～130	0.5～1
	88 型	印有油墨的纸、涂料纸、漆布、织品等	100～130	0.5～1
	熊猫	漆布、织品、皮革、纸张、涂料纸等	100～130	0.5～1
	日星牌	印有油墨的纸、涂料纸、纸张等	100～130	0.5～1
	甘古牌	纸张、漆布、织品、皮革等	100～130	0.5～1
	渤海牌	纸张、漆布、皮革等	100～130	0.5～1

三、粉箔的分类、结构与选用

粉箔也称色箔，是一种在薄膜片基上涂布颜料、树脂类黏合剂及其他溶剂等混合涂料而制成的烫印材料。粉箔的特点是：颜色种类多、选择范围广，可做自动的连续烫印加工，浪费少、易运输贮存。但与其他烫印材料相比，粉箔的色层较薄，因此烫印后的颜色不够鲜艳和饱满。

1. 粉箔的分类与结构

粉箔的结构与电化铝相似，所不同的是电化铝要真空喷镀一层金属铝，而粉箔是直接在基膜上涂布涂料，没有镀铝层，有两层粉箔、三层粉箔、四层粉箔三种。

（1）两层粉箔

两层粉箔的第一层为基膜层。基膜是浸过蜡的半透明纸，其作用是支撑涂料。由于浸蜡纸本身经加热加压后易与涂料层分离，故可代替脱离层。第二层为涂料层。涂料由颜料、树脂（或漆片）、钛白粉和工业酒精混合制成。将涂料涂布在浸蜡纸上即完成色箔的加工。

两层粉箔的制作，省工、省料、易加工、成本低。

（2）三层粉箔

三层粉箔的第一层为基膜层。基膜一般为 $12\sim16\mu m$ 厚的聚酯薄膜（或半透明纸），作用是支撑涂层，便于卷筒连续加工，便于贮存和运输。第二层为脱离层。脱离层的涂料为有机硅树脂或蜡液，其作用是使色黏层在烫印时能迅速脱离基膜而被黏结在被烫物上。脱离层要有良好的脱落效果，否则会造成烫后的颜色发花、不均等质量问题。第三层为色黏层。色黏层是以颜料为主体加入黏结剂、醇溶剂和其他填料等，按一定比例混合组成的涂层。粉箔的各种颜色主要取决于这一层的涂布，如常用的红、黄、蓝、绿、黑等，均是按使用要求配制、涂布而制成的。色黏层不但有颜料显示其颜色，而且因加入了黏结剂等填料，故又能通过烫印的热压使其牢固地黏结在被烫物的表面。

（3）四层粉箔

四层粉箔一、二层的制作方法与三层粉箔的制作方法相同，第三层为色料层，第四层为胶黏层。采用四层的方法制作色箔是为了填补色黏层中黏结料不足的缺陷。这种方法增加了一个胶黏层，可以保证烫印时的黏着力，使粉箔牢固地烫黏在被烫物上。

2. 粉箔的选用

粉箔是一种烫印薄膜，以基膜分类有聚酯薄膜和纸质薄膜，以配制色黏层的连结料分类又有水溶性箔和醇溶性箔。有的箔适宜压印大面积图案，有的适用于小面积图文，还有带有花纹图案的箔，因此必须根据需要选择。

除金属箔、电化铝箔、粉箔三种材料外，还有一类烫印材料，称为色片。色片是一种在玻璃等平面光滑物体上沉积一层颜料和黏合材料等混合涂料层，经干燥后剥离于纸上包装好的烫印材料。

色片的生产有近 60 年的历史，均是手工操作。在没有色箔以前都是用这种材料烫印各种带有颜色的印迹。色片的特点是制作简单易加工、颜色鲜艳、烫迹厚实饱满、色质纯正，但由于色片无支撑体，易破碎，不易保存，故使用较少。

四、烫金辅助材料

由于有些金属箔、金属粉末以及粉箔没有黏合剂涂层，本身无黏结能力，因此需要使用黏合能力较强的黏料粉或黏料液。常见的粘料粉有以下两种。

1. 松香粉

松香粉是从松树干上采割而得的树脂经粉碎而制得的，主要成分是松香酸。松香粉是一种黄色结晶玻璃状物质，不溶于水，溶于酒精、乙醚等有机溶剂。松香粉遇热后熔化，黏结能力很强，但性脆。松香粉撒涂在被烫物上，能充分进入被烫物的孔隙，在加热加压的条件下，松香粉熔化而将烫印材料烫黏在被烫物表面上。

使用时将松香粉撒涂在应烫位置上，方法有两种：一种是用棉纱蘸粉涂抹；另一种是用网式工具撒涂。使用松香粉不宜涂抹过多，应以少而均匀为宜。

松香粉只适合在烫印织品类封面时使用，因为织品类表面有纤维孔隙，粉状黏料涂在上面可以渗透到织物内部，经烫压后有良好的黏结效果。松香粉不适合在漆布、皮革、PVC等光滑的物体上涂抹使用。因为粉末本身滑动性较大，涂在光滑体上由于操作时的晃动等，都会使粉末脱落或移动，影响烫印加工。

2. 蛋白粉

蛋白粉是助黏粉中的另一种，它是用禽蛋的蛋白制作的。蛋白质是一种高分子化合物，溶于水，具有一定的黏结能力。但在强酸、碱和有机溶剂作用下会产生沉淀；在高温、高压、搅拌、振荡、紫外线照射下性能也会发生改变，如加热到 60℃后蛋白就变成不透明、不溶于水的固体（凝结）。

蛋白粉可以自己制作，其方法是：先将禽蛋黄剔出，再将余下的蛋清放在一个光滑干净的贮器中，凉干后研磨成粉末，越细越好，即可使用。使用时应注意制作蛋白粉要根据所用数量，不宜过多，因为蛋白易繁殖细菌而引起腐败，且蛋白中含有氨基酸，在空气湿度较大时易于潮解，会导致黏度下降。

蛋白粉的使用方法与松香粉相同，同时也不宜在光滑体上涂抹。

常见的黏料液有以下两种。

（1）虫胶

虫胶又称紫胶、干漆等。虫胶主要成分是光桐酸的酯类，不溶于水，溶于酒精和碱性溶液，微溶于酯类和烃类。虫胶性质柔软、受热能软化、温度较高时分解。由于黏结性能较强，可作烫印材料的良好黏结剂。

虫胶的使用方法是在使用前 10h 先将虫胶加入酒精内浸泡，并将瓶盖密封好。酒精与虫胶的比例一般为每 500g 酒精放 100～200g 虫胶。10h 以后虫胶与酒精混合成液状胶体，即可使用，用前要摇晃或搅拌均匀。使用时用棉花团蘸抹，涂在应烫印位置上即可。

由于虫胶是液体状使用，且有褐色，只能用于光滑体（如漆布、皮革、PVC 涂料类）的表面，切忌在织品类上涂抹使用。因为褐色的虫胶涂抹在织品料上后，渗透到织物缝隙内，会使织品变色或有胶痕，造成表面脏污报废。

（2）蛋白液

除去粉状蛋白黏料可用于烫印外，还可以将蛋白液直接涂抹在面料表面，以黏结烫料。其方法是：将蛋白液从禽蛋中提出后，用棉花团直接蘸抹，涂在应烫印迹上。蛋白液除易繁殖细菌外，还易干燥，使用中不要过多提取，要随使用随提取，不得存放。

第三节　烫金设备的调整

将烫金材料经过热压转印到被烫印材料的机械设备称为烫金设备。烫金机与凸版印刷机的结构与原理基本相似，因此有许多厂家把闲置的凸版印刷机改造成了烫金机。根据烫金方式不同，烫金机可分为平压平烫金机、圆压平烫金机、圆压圆烫金机；根据烫金色数不同，烫金机可以分为单色烫金机、多色烫金机；根据自动化程度不同，烫金机可分为手动烫金机、半自动烫金机和自动烫金机；根据整机形式的不同，烫金机可分为立式烫金机和卧式烫金机。

此外，有的烫金机和模切压痕机及其他机器装配在一起，组成多功能烫金模切机；有的烫金机采用电脑控制，具有全息烫印功能，采用智能操作的显示屏，能进行人机对话，适合不同电化铝箔带的同时套准烫印。

图 5-2　立式平压平烫金机

一、平压平烫金机

平压平烫金机因为烫印压力大，设备简单，操作方便，烫印质量高，所以被广泛使用。现在市场上主要有立式平压平烫金机，如图 5-2 所示；卧式平压平烫金机，如图 5-3 所示。

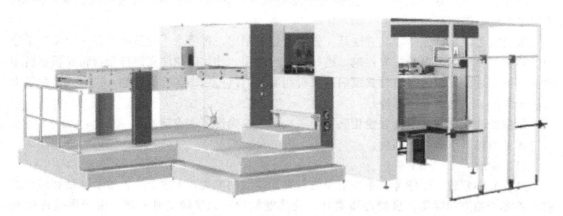

图 5-3　卧式平压平烫金机

平压平烫金机主要由机身机架、烫印装置和电化铝箔传送装置组成。机身机架包括机身及输纸台、收纸台。烫印装置包括电热板、烫印版、压印版和底板。电热板固定在印版平台上，电热板内装有功率为 600～2500W 的迂回式电热丝；底板为厚度约 7mm 的铝板，用来粘贴烫印版；烫印版是腐蚀的铜版或锌版，特点是传热性好、不易变形、耐压、耐磨；压印版通常为铝版或锌版。

电化铝箔传送装置是由放卷轴、送卷辊和助送滚筒、电化铝收卷辊和进给机构组成的。电化铝被装在放卷轴上，烫印后的电化铝在两根送卷辊之间通过，由凸轮、连杆、棘轮、棘爪所构成的送卷进给机构带动送卷轴的间歇转动、送卷辊的间歇转动，便带动了电化铝的进给，进给的距离设定为所烫印图案的长度。烫印后的电化铝卷在收卷辊上。

一般的烫印机基本上都具有上述结构。较先进的烫印机则除了上述共同的部分外，还具有一些特殊的装置和功能。如 P801-TB 型手续纸平压烫印机，还可以一次装上三组不同的电化铝，其中一组有间隔跳步功能，由集成电路计算控制跳步装置，荧光数码管显示，使跳步精确，误差极小（小于 1mm），压印板做一开一合的摆动，即完成一次烫印行程。

平压平烫金机的烫印幅面可以从信用卡大小到 1050mm 宽，定位烫印速度可以从每小时 1000 张到每小时 7500 张不等。立式平压平烫金机的特点是机器体积小、操作简单、转热性好、不易变形、耐压耐磨，但输纸和收纸通常为手工操作，故烫印速度较慢。卧式平压平烫金机的输纸和收纸均为自动化，因此烫印速度较快。

二、圆压平烫金机

圆压平烫金机的结构一般与两回转式凸印机基本相同，就是将凸印机的输墨装置改造为电化铝箔供卷和收卷装置，如图 5-4 所示。

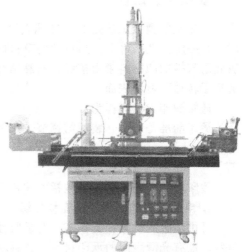

圆压平烫金机的烫印速度通常在每小时 1000～3000 张，一般使用小直径的箔卷，因此很少用于高速大批量生产。但因其在烫印时烫印箔与基材之间是线性接触，因此可以用于烫印无孔材料，如聚酯材料或上过光油的平滑表面，也可以从事大面积烫印等平压平烫印机很难完成的烫印加工。

图 5-4　圆压平烫金机

三、圆压圆烫金机

圆压圆烫金机的出现迎合了人们对烫印包装产品的大量需求，因为纸带运行速度等于生产线速度，与压印辊圆周线速度相等。电化铝箔的速度由控制装置通过伺服电机控制，当两辊对滚时，电化铝箔上的镀铝层和色层在压力和黏合剂的作用下转移到纸带上。

圆压圆烫金机的原理如图 5-5 所示。

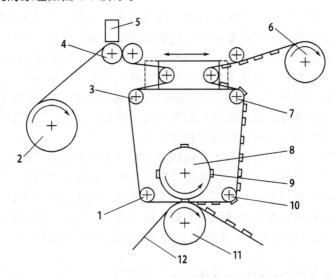

图 5-5　圆压圆烫金机的烫印原理
1,3,7,10—气动辊；2—箔纸；4—箔驱动轮；5—全息探测器；
6—废箔卷；8—烫印辊；9—烫印版；11—承压辊；12—卷筒纸

与平压平、圆压平烫金机相比，圆压圆烫金机可以很好地解决烫印速率、基材、烫印面积之间的矛盾，可以提供最佳的烫印效果。它的烫印速度可达 100m/min，因此生产效率高；在滚动时冲击力小，故工作状态比较稳定；两辊滚压时接触面远小于平压平、圆压平烫金机，总压力小，因而烫印面积可达 70%。

第四节　烫金工艺过程与控制

一、烫金工艺过程

电化铝箔烫金工艺是利用热压转移的原理，将染色的铝层转印到承印物表面。即烫印时，在一定温度条件下，热熔性的有机硅树脂脱落层受热，其黏结力降低，在压力作用下，胶黏层与被烫印材料紧密接触，其黏结力大大增加，从而使脱离层与基膜层脱开，染色后的镀铝层转移到材料表面。

通常烫印工艺流程为：

烫印前准备工作→装版与调节→工艺参数的确定→试烫→签样→正式烫印

二、烫印前的准备工作

烫印前的准备工作主要包括电化铝箔的选择、检查和分切，以及烫印版的准备。

1. 电化铝箔的选择、检查和分切

可供烫金的材料种类很多，有吸收性承印材料和非吸收性承印材料，有粗糙表面的承印材料，也有光滑表面的承印材料。各种材料的结构、表面性能不同，决定了电化铝箔的烫印适性也不同，自然选择也不同。例如烫印图文中有文字、线条，但由于文字分大小字号、线条分粗细不同，对电化铝箔的要求也不同，大号文字和粗线条烫印时要求电化铝箔结构松软、染色层容易与片基层脱离，细小文字和细线条则要求电化铝箔结构紧密、染色层与片基层结合更牢固些。

根据制造工艺不同，电化铝箔的品种多、颜色也多，此外生产批次不同电化铝箔的性能也有所差异。因此在进行烫印操作前应对电化铝箔进行检查。首先应进行电化铝箔简单的外观检查，其方法是：看型号是否正确；将复卷的电化铝打开，观察薄膜表面是否有划痕、砂眼、皱折及手感是否平整；观察电化铝的亮度是否合乎要求，质量好的电化铝反射光线应较强，晶莹闪亮，如使用仪器测量可得到准确的数据，电化铝箔光反射率应均匀达到 85% 左右，如无条件可用目测确定。此外胶黏层涂布均匀、平滑、洁白、无明显条纹；一卷中折印不超过 10m，砂眼不超过 $0.1m^2$，接头不超过两个。

检查电化铝箔质量后，就可根据烫印面积将大卷的电化铝箔分切成所需的规格。合理使用电化铝箔，对充分利用材料、减少浪费和降低成本都有很重要的意义。必须在图文设计时就考虑到要使用合理，物尽其用，既要美观，又要节约。电化铝烫印前，一般要精确计算用料，根据产品烫印面积的需要留有适当的空隙（越小越好），确定横切面的电化铝箔条形规格尺寸的裁切，而纵切面规格尺寸按材料成卷的长度对产品实用电化铝箔需要面积进行调节。

充分利用电化铝箔可以采用如下方法。

（1）一次烫印

一个印面适宜一次烫印，能够比较充分地利用电化铝箔。

（2）多块烫印

一个印件有几个块面需烫印，使用整张电化铝箔会出现较多空位，可采用分块分段裁切的方法，几条电化铝箔同步烫印［如图 5-6（a）所示］。

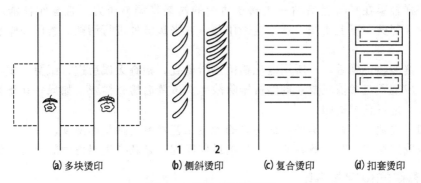

图 5-6 烫印方法示意图

1—调正前；2—调正后

（3）多次烫印

一个印件有几个块面需要烫印，不能采用几条电化铝同步烫印，可采用分块每次烫印。

（4）侧斜烫印

不规则印面，如果直条烫印，耗用电化铝较多，可按实际可能将平板规矩改成侧斜角度，使电化铝箔得到充分利用［如图 5-6（b）所示］。

（5）复合烫印

两个以上横向印面有规则间距，可取其移动 1/2 间距复合套印，充分利用电化铝箔［如图 5-6（c）所示］。

（6）扣套烫印

对已经进行一次烫印的电化铝箔，尚有较多余时，选择适当产品再次烫印复用［如图 5-6（d）所示］。

2. 烫印版的准备

烫印电化铝箔的版材一般有铜版、锌版和钢版三种。锌版不如铜版和钢版耐用，它质地过软，经受不住烫印次数过多或压力较大的加工，加工时间长后版易变形，烫印效果不佳。如果烫印单张纸类或小批量工作物，可用锌版，且锌版价格比铜版便宜。而烫印大批量工作物，就应用铜版，因为铜版耐热性强，有一定弹性，比其他版材耐久，烫印效果好。

烫印版的厚度，一般为 1.5～2.5mm。要根据被烫物质、厚度的具体情况，选择适当厚度的版材。烫印版过薄会出现烫后图文模糊发花、脏版等现象，过厚则会造成浪费。

烫印使用的烫印版一般均是外加工，使用前应先检查版面是否有毛刺不平、棱角不整齐、图文不清晰等弊病，要将不合格的地方腐蚀修整后再上版烫印。

3. 装版及其调节

将制好的烫金版粘贴固定在机器底板上，并调节规矩的位置和压力的大小，这一安装过程称为装版。其安装流程如下：

粘贴纸板→纸板划痕→底板预热→涂黏合剂→压紧贴合并固定→垫版试印

将定量为 130～180g/m² 的牛皮纸或白板纸用黏合剂粘贴在烫金版的背面，同时在纸板表面划些条痕，增加胶黏剂的接触面积，提高烫金版与底板的接触效果。然后把底板表面尘埃、污物清理干净，保持底板整洁，通上电源使底板加热到 80～90℃。把黏合剂均匀涂布在预先加热的底板表面，接着把烫金版平整地放在底板上，位置尽量居中，合上压印板，确保烫金版全面受压约 15min。

烫金版固定后，为保证各处压力一致，需要对局部不平处进行垫版调整。平压平烫金机应先将压印版校平，再在平版背面贴一张 100g/m² 以上的铜版纸，并用复写纸碰压得出印样，根据印样轻重在平板上粘贴一些软硬适中的衬垫来调整压力，直至印样清晰，压力均匀。如发现局部烫印不上或花、麻，应采用薄纸在平板该处进行调整。烫印规矩也是依据印样确定。

印版位置调整正确后，对所用电化铝箔进行检查，检查无误后进行试烫。试烫速度必须从慢到快，发现不正常情况要立刻停机排除故障。试烫后检查样张，如果一切正常，则可进入正常运转，进行正式烫印。

烫印加工除烫印材料正确外，最主要的烫金工艺参数包括烫印温度、烫印压力及烫印速度。正确地确定这些工艺参数并使它们达到最佳匹配，是获得理想烫印效果的关键。

三、烫印温度的设定与调整

烫印温度对烫印质量的影响是十分明显的。温度过低，电化铝箔的胶黏层熔化不充分，会造成烫印不上或不牢，使印迹不完整、发花。烫印温度过高，则使热熔性膜层范围熔化，导致印迹周围也附着电化铝而产生糊版，甚至使电化铝箔中的合成树脂和染料产生氧化聚合反应，致使电化铝印迹起泡或出现云雾状，高温还会导致电化铝箔镀铝层和染色层表面氧化而失去光泽。

烫印温度的确定，应根据电化铝箔的型号、性能、烫印压力、烫印面积、烫印速度、图文结构、底色墨层的厚度等情况综合考虑。在烫印压力较小、机速快、底色墨层较厚的情况下，烫印温度可适当提高，其范围一般在 70～180℃。当最佳温度确定之后，应能够自始至终保持恒定，温度差尽量不超过 ±2℃，以保证一批产品的质量稳定。

当遇到在同一版面上有不同的图文结构时，选择同一烫印温度往往会使两者无法同时满足烫印质量要求，这种情况有两种方法可以解决：一是在同样的温度下，选择两种不同型号的电化铝；二是在版面允许的条件下（如两图文间隔较大），可采用两块电热板，用两个调压变压器控制，以获得两种不同的温度，满足烫印的需要。

有些烫印机比较陈旧无温度显示，操作者全凭感觉掌握，如滴水方法、手触方法等以测试温度的高低。现代生产用数据控制，这样既省事又科学，因此应增加温度显示装置，力求科学生产。

四、烫金压力的设定与调整

烫金时加压是为了保证电化铝箔上的镀铝层能黏附在被烫印材料的表面，同时要对烫印部位的电化铝箔进行剪切。烫印压力过小，电化铝在材料表面的附着力不够，导致烫印不上或印迹发花；如果烫印压力过大，衬垫和承印物的压缩变形增大，产生糊版或印迹变粗的问题。

因此烫印压力的大小应根据被烫物性质、厚度及烫印形式决定。其压力之大以不糊版、烫迹清晰光亮为度；其压力之小以牢固不脱落、不发花为宜。如果在同一块版上烫印两种面积大小悬殊的图文时，要掌握好单位面积的压力，烫印面积越大，烫印压力应越大，反之则小。

在整个烫印过程中存在着三个方面的力：一是电化铝从基膜层上剥离下来时产生的剥离力；二是电化铝与承印物之间黏结在一起的黏结力；三是承印物（如印刷品墨层、白纸）表面的固着力。因此，烫印电化铝所需的烫印压力要比一般印刷的压力大，约在 $25\sim35\mathrm{kg/cm^2}$。

对烫印压力有影响的因素主要有：烫印温度、机器速度、电化铝本身的性质、被烫印物表面的情况（如印刷品墨层厚度、印刷时白墨的加入量、纸张的平滑度等）。所以，在设定和调整烫印压力时要对上述因素进行综合考虑。一般来说，在烫印温度低、烫印速度快、被烫印的印刷品表面墨层厚以及纸张平滑度低的情况下要增加烫印压力，反之则相反。

烫金机压力的调整方法有两种：一种是自动的，一种是手动的。自动的可根据被烫物厚度、性质进行调整；手动的主要掌握接触被烫物以后的压力。这在操作中是十分重要的。自动烫印机调整烫印压力是受数据控制的，比较方便，但遇到被烫物厚度不等时，会出现质量问题；而手动虽笨重，但压力可以自由掌握，不受被烫物厚度的影响。

五、烫印速度的设定与调整

烫印速度决定了电化铝箔与被烫印材料的接触时间，接触时间直接影响到烫金产品的质量。接触时间过长，会造成烫金图案变形；接触时间过短，会造成图文残缺不齐。事实上接触时间和烫印牢度与质量在一定条件内成正比关系。

烫印速度稍微慢一点，可使电化铝被承印物黏结牢固，有利于烫印。如果机速增大，烫印速度太快，电化铝的热熔性膜和脱落层在瞬间尚未熔化或熔化不充分，就导致烫印不上或印迹发花。烫印时间必须与压力、温度相互呼应，过快、过慢都有弊病。

在实际操作过程中，这三个工艺参数对产品质量的影响是相互的，其数据的设定和调整是需要综合考虑的。因此在确定烫金工艺参数时，通常是以被烫印材料的特性和电化铝箔的适性为基础，以印版面积和烫印时间来确定温度和压力。温度和压力两者首先要确定最佳压力，使版面压力适中、平整、各处均匀；在此基础上，最后确定最佳温度。

从烫印效果来看，以较平的压力、较低的温度和略慢的机速烫印是最理想的。因为较平的压力可使电化铝每个点都与被烫物黏结牢固；在能够充分黏结的基础上适当采取较低的温度有利于保持电化铝所固有的金属般的光泽；较低的机速则是为了适应略低的温度。

在正常进行烫印工作时，要随时检查烫印效果，发现问题及时处理，以保证烫印质量。

另外，在具体烫印某种承印材料时，还应注意以下几个问题。

① 烫印软塑料封面的立体图文时，为了突出立体感，烫印时要做两次压烫：第一次先烫料；第二次在印迹上再烫压，位置与第一次相同，决不可有丝毫偏移。用这种方法就可烫出立体图文。

② 烫印绒面特别是丝绒面时，因绒的表面有耸立的绒毛，一次烫压是无法成功的，故要做两次烫印：第一次烫印时先将助黏粉涂撒在所烫印迹上（不加烫印材料），用烫压方法让印迹上的黏料粉将耸立的绒毛压倒黏平；第二次再将烫料烫在压倒的印迹上，第二次烫印不得有丝毫偏移，不然将造成绒料的浪费。这样的烫印方法，印迹平整牢固，未被烫的绒毛耸立在印迹的周围，很有立体感和艺术性。

③ 烫印版是凹形，而所烫图案高凸时，如头像等，要将下版垫好，以突出印迹的主体效果。

六、特种烫印工艺流程

随着印刷业快速发展，特种烫印在印刷包装工业中成为一道不可缺少的新加工工艺。

具体烫印工艺流程：

印刷或喷涂感光烫印油墨→干燥→菲林曝光→烫印→成品。

① 用200～300目丝网满版印刷感光油墨或用喷枪均匀地喷射要烫印的基材。液态感光油墨是一种透明光油，专用于各种烫印，具有优异的感光性能、很高的图形分辨率，最小线宽为0.05mm。

② 干燥。用电吹风进行干燥或者利用丝网烘版箱烘干，注意温度在40℃左右即可。

③ 菲林曝光。用电脑设计制作好所需烫印图文，输出底片进行紫外线曝光。经紫外线曝光后，非图案部分的感光膜变成热固性，图案部分仍为热塑性。

④ 烫印。在烫印过程中，金银烫印箔黏合层与感光膜的热塑性部分因热熔而黏合成一体，与热固性部分不黏附，从而实现烫金膜的热转印。烫印设备可用塑封机、电烫斗、烫画机进行烫印。温度控制在 $100\sim130℃$ 即可。

⑤ 烫印成品。烫印后轻轻地把多余的烫印膜撕下，便成了光彩夺目的成品。

特种烫印与传统烫印的不同之处有以下几方面。

① 在烫印过程中无需制作金属凸版，成本低、速度快，只要有阳图底片即可烫印。

② 适合于小批量、多品种个性化烫印产品的制作。

③ 烫印温度低，$100\sim130℃$ 即可。

④ 适合于大面积、精细线条图文的烫印。

⑤ 烫印基材不受限制，如各种塑料薄膜、纸张、皮革、金属、玻璃等。

⑥ 对烫印基材有良好的附着力。感光膜固化后具有高亮度、不变黄、无划伤的特点。

第五节　烫金常见故障与解决方法

1. 烫印不上（或不牢）、图文发花

烫印不上或烫印不牢，即电化铝箔不能理想地转移到承印物表面或电化铝箔不能同承印物很好地黏附。这是烫金过程中最常见的故障之一。

导致烫印不上或烫印不牢的原因主要有：印刷品底色墨层中含有蜡类物质、印刷品底色墨层太厚、印刷品底色墨层晶化、印刷品表面喷粉太多、电化铝型号选用不当或质量不好、烫印温度不够以及烫印压力不够等。

（1）印刷品底色墨层含有蜡类物质

烫金工艺要求被烫印的印刷品油墨中不允许加入含有石蜡的撒黏剂、亮光浆之类的添加剂。因为电化铝箔的热熔性胶黏剂即便是在高温下施加较大的压力也很难与这类添加剂中的石蜡黏合，因而导致烫印不上或不牢。因此，如果产品需要烫金加工，应避免选用含石蜡的撒黏剂、亮光浆之类添加剂的油墨进行印刷，可通过放入防黏剂或高沸点煤油来调整油墨黏度，若必须增加光泽可用 19# 树脂代替亮光浆。

（2）印刷品底色墨层太厚

实践表明，油墨墨层薄的印刷品烫印电化铝比较容易，厚重的墨层表面则很难烫印。这是因为，厚实而光滑的底色墨层会将印刷纸张纤维的毛细孔封闭，阻碍电化铝箔与纸张的吸附，使电化铝箔的附着力下降，因而导致铝箔烫印不上或烫印不牢。所以，在工艺设计时，要为烫印电化铝箔创造条件，使烫印电化铝箔部位尽量少叠印，特别要禁止三层墨叠印。对于深色大面积实地印刷品，印刷时可采取深墨薄印的办法，即配色时墨色略深于样张，在印刷时墨层薄而均匀，也可以采取薄墨印两次的办法，这样既可以达到所要求的色相，同时又满足了电化铝箔烫印的需要。

（3）印刷品底色墨层晶化

印刷过程中，由于油墨干燥速度过快，在纸张表面会结成坚硬的膜，轻轻擦拭会掉下来，这种现象称为"晶化"。墨层表面晶化是印刷时燥油加放过量所致。尤其是红燥油（溶液状钴燥油），会在墨层表面形成一个光滑如镜面的墨层，使电化铝箔无法在其上黏附，因而烫印不牢或烫印不上。所以，需烫印电化铝箔的印刷品在印刷时应避免使用红燥油，必须使用时其用量不得超过 0.5％。

（4）印刷品表面喷粉太多

印刷品表面如喷粉过多，会妨碍电化铝箔与纸张之间的结合牢度。此时，应进行表面去粉处理或尽量减少喷粉量。

（5）电化铝箔型号选用不当或质量不好

国产及国外生产的不同型号的电化铝箔都存在不同程度的差别，每一型号的电化铝箔都与一定范围的被烫物相适应，电化铝箔选用不当或质量不好，无疑对烫印牢度有直接影响。

目前，被烫印的物质大致可以分为四类：白纸、印刷品、漆布及塑料。其中，又可具体分为大面积烫印、实地、网纹、细小文字、花纹烫印等几个档次。在选用电化铝箔材料时，除了要参照电化铝箔的适用范围，同时要对上述被烫印物质的具体情况进行考虑。

（6）烫印温度及压力不够

如前所述，只有当烫印温度、压力合适时，才能使电化铝箔热熔性膜层胶料起作用，从而很好地附着于印刷品等承印物表面。反之，压力低、温度不够必然会导致烫印不上、烫印不牢。

当因烫印温度过低导致烫印不上或图文发花时，要适当调高电热底板的温度，直到烫印出合格产品为止；当发现压印痕迹过轻时，要适当增加烫金压力，直至电化铝箔能顺利转移，烫印图文完整为止。

上述几点是导致烫印不上（或不牢）、图文发花的主要因素，操作中到底是哪一原因或哪几个原因引起的故障应予以确认。当发生烫印不上的故障时，首先应调查、检查印刷品墨层中是否含有蜡类物质，若有，只能采用 991# 亮光撤淡剂加 2％白燥油（分散型钴燥油）再罩印一次的被动方法去解决，以使油墨层表面改性。

如果印刷时没有加入含有蜡类物质的添加剂，就要检查电化铝选用得是否合适，若不合适，要及时更换上黏附力强、质量好的电化铝箔，例如把 #1、#8 的换成 #15 的等。若电化铝箔选用合适，则应适当提高烫印温度和增加烫印压力。

避免烫印不上或烫印不牢故障发生的根本措施是预防。即从印刷品印刷时就要为下一步的烫印打下基础。一要保证印刷过程中不使用撤黏剂、亮光浆等含有石蜡的附加剂；二要避免使用红燥油；三要避免印刷墨层太厚和多次叠印。因为这些原因引起的烫印不上、不牢，解决起来也是被动的，不一定奏效。

2. 反拉

反拉也是较常见的烫印故障之一。所谓反拉是指在烫印后电化铝箔将印刷品表面油墨或光油等拉走的现象。

在实际生产中，反拉与烫印不上从表面上看不易区分，反拉往往被误认为烫印不上，但两者却是截然不同的故障，若不加分析地将反拉判断为烫印不上或烫印不牢，盲目地提高烫印温度和压力，甚至更换黏附性更强的电化铝箔，则会适得其反，使反拉故障愈发严重。因此须首先把反拉与烫印不上严格区分开来。区分两类故障的简单方法是：观察烫印后的电化铝箔上的片基层，若其上留有底色印墨的痕迹，则可断定为反拉。

产生反拉故障的原因：一是印刷品底色墨层没有干透或印刷品表面上光等后加工处理不当；二是在浅色墨层上过多地使用了白墨作冲淡剂。

烫印电化铝箔不同于一般的叠色印刷，它在烫印过程中存在着剥离力，这种剥离力要比油墨印刷时产生的分离力大得多。印刷品上的油墨或光油转印到纸面后，只有充分干燥才能在纸面上有较强的附着力，在墨层没有完全干燥之前电化铝箔烫印分离时的剥离力要远大于墨层的固着力，这样底色墨层或光油便会被电化铝箔拉走。因此，电化铝箔烫印工艺要求印刷品表面的油墨层必须充分干透，以保证其在纸面上很好地固着。

操作中常常会感到印刷品的深色墨层比浅色墨层容易烫印。这是因为，浅色墨多用白墨冲淡调配而成，由于白墨的颜料颗粒较粗，它们与连结料之间的结合力很差，印刷后油墨的连结料易被纸面吸收，而颜料易浮在表面产生粉化，常常用手便可擦掉。这种状况是很难烫印的，电化铝箔不能被分离下来黏附于纸面，粉化层反而会被电化铝箔带走。

预防反拉故障的根本措施，一要掌握印刷品印刷后到烫金的间隔时间，这就要求印刷时要控制好燥油的加放量，需烫印的印刷品在印刷时燥油的用量要比不需烫印的印刷品适当增加，比如红燥油的用量可控制在0.5%左右。但不能过量，以防墨层出现晶化和乳化而同样给烫印带来麻烦。二要禁止印刷时单独用白墨作冲淡剂，由于白墨的冲淡效果不错，完全不使用是不可能的。折衷的办法是，可以把991#撤淡剂与白墨混合使用，但白墨的比例控制在60%以下。当然，在工艺允许的情况下，为避免反拉（包括烫印不上）故障的发生，最好在底色墨层的烫印部位在制版时就留出空白，使烫印电化铝箔不与墨层黏合，而与留出的空白黏合。

当烫金出现反拉故障时，如果是由于产品墨层不干所致，解决的办法是将产品置于通风、干燥处，适当推迟烫印时间即可；如果是由于底色墨层粉化或白墨加放过量所致，可以用991#亮光撤淡剂加2%白燥油先罩印一遍再进行烫印。

3. 烫印图文发虚、发晕

烫印的图文发虚、发晕原因是烫印温度过高，或停机时间过长，导致电化铝箔焦化。烫印温度过高，会使电化铝箔超过所能承受的限度，导致烫印时电化铝箔上黏合剂层向四周扩散，产生发晕、发虚现象；而烫印过程中停机过久，会使电化铝箔的某一部分较长时间与烫金版接触而发生焦化现象，图文烫印后也出现发虚、发晕。遇到这种情况应立即停机，降低烫金版温度。

4. 图文印迹不平整

导致图文印迹不平整的原因主要有：烫印版压力不匀、压力过大，压印机构垫贴不合适，烫金温度过高。

（1）烫印版压力不匀、压力过大

装版时，若版面不平整，则会产生压力不匀，烫印过程中图文的受力不是均匀分布，导致电化铝箔表面不光洁，各部分与承印物黏合力不一样，导致印迹不平整。此时需要对烫印版进行重新垫平、垫实，保证烫金压力均匀。

烫金时如果烫印压力过大，也会造成图文印迹不平整，因此需调整压力至合适。

（2）压印机构垫贴不合适

压印机构的垫贴应按图案的面积精确地贴合，不移位，不错动。烫金时，图文与垫贴层相吻合，图文印迹四周就不会发毛、不平整。

（3）烫金温度过高

电化铝箔烫印时，烫金温度过高也是造成图文印迹不平整的原因。因此需要根据选择的电化铝箔的型号和性能合理设定和调整烫金温度，保证图文平整，四周光洁。

5. 烫印字迹、图案失去原有金属光泽

字迹、图案光泽度差多为烫印温度太高所致。此时，应将电热板温度适当降低，同时，要注意操作时尽量少空机和减少操作过程中不必要的停机，因空机、停机均会增加电热板热量。需要停机时应该将电热板开关闭合。

其他烫印常见故障及排除方法见表5-2。

表 5-2 烫印常见故障及排除方法

故　　障	原　　因	解决方法
同一块版烫后压力不等	图文面积大小悬殊、压力不均	将大面积图文压力加大,可用垫纸方法校正,以使大小面积的压力相等
烫后印迹脱落	a. 烫印材料与被烫物不符合 b. 烫印材料胶层质量不佳 c. 温度过低、压力过小 d. 无助黏剂或印刷时喷粉过多	a. 选用好烫印材料 b. 暂时换用,检查其质量 c. 重新调整温度和压力 d. 使用助黏剂,清除印刷喷粉
相同材料、正常烫印中时好时坏	a. 材料质量不稳定 b. 温度或压力不正常	a. 检查材料质量、暂时换用并做记录 b. 检查温度、时间、压力并调整
烫细线条图文断线不清晰	a. 被烫物花纹凹凸过大 b. 压力过轻	a. 凹凸过大的花纹面料不宜烫印细线图案 b. 加大压力和温度弥补
烫后露底	a. 被烫物花纹过深 b. 压力小、温度低	a. 加大压力 b. 温度提高 5℃
烫后字迹棱角不明显	烫版不平或烫版本身字迹的棱角就不突出	a. 上烫版前检查烫版图文是否合格,不适当要修理 b. 将字迹棱角部位在下版上垫高
凹形烫版烫后不出凸印迹	底板上版垫出凸形或凸形垫得不适当	将底板烫处垫起同样凹形版的凸出面,并且光滑平整适当
烫色片或金属箔不黏结或黏结不牢	a. 没加助黏剂 b. 温度或压力等不适当	a. 纺织品类要加助黏粉,光滑无孔或少孔面加助黏液 b. 调整好烫印温度

第六节 冷 烫 金

　　冷烫金技术是近年来出现的一类新工艺。这种工艺不需要加热,而是在印刷品表面需要烫金的部位印上黏合剂,烫印时电化铝箔与黏合剂接触,在压力的作用下,使电化铝箔附着在印刷品表面。此时所用的烫印箔是无胶黏层的专用电化铝箔,所用黏合剂通常是 UV 黏合剂。

　　冷烫金工艺通常采用圆压圆加工形式,烫印速度较快。它有两种不同的方法:一类是对涂布的 UV 胶黏剂先固化再进行烫印,也称为干覆膜式冷烫金工艺;另一类是涂布了 UV 胶黏剂之后,先烫印然后再对 UV 胶黏剂进行固化,也称为湿覆膜式冷烫金工艺。

　　干覆膜式冷烫金工艺是首先在材料需要烫金的部位印刷上阳离子型 UV 胶黏剂,然后快速通过 UV 干燥通道,确保 UV 胶黏剂快速但不彻底固化,胶黏剂应仍具有一定的黏性,这样才能保证电化铝箔能通过胶黏剂与被烫印材料黏合在一起。接着在压力辊的作用下电化铝箔与材料黏合在一起,最后将多余的电化铝箔从被烫印材料上剥离下来,只在涂有胶黏剂的部位留下所需的烫印图文。

　　湿覆膜式冷烫金工艺是在材料需要烫金的部位印刷上自由基型 UV 胶黏剂,然后在压力辊的作用下电化铝箔与材料复合在一起,随即通过 UV 干燥通道,UV 胶黏剂在 UV 光的作用下发生固化,把多余的电化铝箔从材料上剥离后便形成了烫印图文。这种工艺要求电化铝箔的镀铝层应具有一定的透光性，确保 UV 光线能穿过电化铝箔并引发 UV 胶黏剂产生固化反应。

与热烫金工艺相比，冷烫金技术具有以下特点。

① 无需专用的烫金设备；

② 无需制作专用的烫金版，可以使用普通的感光树脂版；

③ 采用一块感光树脂版即可同时完成网目调图像和实地色块的烫印；

④ 烫金速度快，可做到联线加工；

⑤ 烫印基材的适用范围广，在热敏材料、塑料薄膜、模内标签上也能进行烫印。

冷烫金技术的缺点是烫金箔的表面强度比普通烫金箔表面强度差，一般要以上光或覆膜方法保护。

第七节　立体烫金

随着商品包装品种不断增加，包装要求日益提高，客户希望烫金图案能表现较强立体层次感，这样能使产品的包装档次提升，立体烫金技术的出现正好满足了这类商品的需求。立体烫金技术是能将烫金和凹凸压印一次完成的工艺技术。这种工艺技术一方面利用热压转移电化铝箔，将染色的镀铝层转移到承印物表面；另一方面利用承印物受压后产生塑性变形的原理，让承印物表面产生明显的凹凸立体层次效果。立体烫金原理如图 5-7 所示。

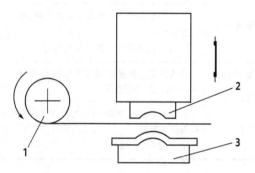

图 5-7　立体烫金原理示意图
1—电化铝；2—烫印版；3—凹凸底模

立体烫金工艺和平面烫金工艺基本相似，但是立体烫金过程中质量要求比平面烫金要求高很多。立体烫金的工艺流程为：

烫金前的准备工作→装版→烫印工艺参数的设定→试烫、签样、正式烫印

一、烫金前的准备工作

烫金前准备工作包括：电化铝箔的选择与准备，立体烫金版、凹模的选择和准备。

（1）电化铝箔的选择与准备

与平面烫金工艺一样，立体烫金所用电化铝箔也需要进行型号的选择和分切，即根据所烫印的对象选择合适的电化铝箔型号，同时根据所烫印的面积将电化铝箔分切成所需要的规格。

（2）立体烫金版、凹模的选择和准备

常用的烫金版材有黄铜、钢、紫铜、锌、镁。黄铜由于具有较高的硬度和理想的加工性能而成为复杂的立体烫印版的首选材料，通常使用 7mm 厚的黄铜版，一般在 100 万次烫印后铜模仍然能产生完美的烫印效果。

铜模的制作有传统的蚀刻法和电脑数控雕刻法。传统蚀刻工艺简单、成本较低，不能表现丰富细腻层次的变化，不符合立体烫金质量的要求。因此现在均使用电脑数控雕刻法制作立体烫金版。

采用电脑数控雕刻制版（CNC），将设计图文扫描录入计算机后，通过专用软件将其改

编成特用术语数据，并以此系统控制版基表面清理、图文部位确定、激光能量控制及供给、特殊要求的定性定量处理等，从而对铜版进行三维雕刻。

采用 CNC 具有以下优点：

① 烫印生产中质量稳定，保证优质的批量生产；

② 烫印版的定位准确，缩短开机准备时间；

③ 烫印版精确完美的边角，保证烫印压凹凸图案边缘清晰；

④ 模具生产具有高度重复性，从而保证大批量生产效果的一致性；

⑤ 印版的版基厚度固定（7mm），公差小于 0.001mm，装版可以程序化。

当立体烫金产品高度要求达到一定程度时，烫金版需要有凹模与之配合。与普通的凹凸压印不同，立体烫金必须高温加热，烫印时随着温度升高烫金版会发生膨胀，而底模凸版的温度却基本保持不变，这就会造成烫印版与底模凸版的不配套，造成压碎底模或无法烫印的现象。因此在制作底模凸版时要充分考虑烫印版的膨胀率，以制作出精确的底模凸版。

二、装版

立体烫金的装版与普通的凹凸压印工艺一样，将制好的烫金版粘贴并固定在机器底板中心部位，然后安装凸模版。注意凹凸模位置一定要对准，才能安装定位，否则会压坏模版。

相对于凹凸压印，立体烫金的精细度更为严格，效果反映更为明显。为确保烫金质量，立体烫金机采用由标示孔及位置显示器组成的易合定位系统，以缩短压凸模具的安装、调整时间，保证加工效果精美。

三、烫金参数的设定

立体烫金参数主要包括烫金温度、烫金压力和烫金速度，设定方式与平面烫金相同。

（1）烫金温度

烫金温度的确定要根据电化铝箔的型号、性能，烫金压力和速度，烫金面积和图文结构等方面的情况进行综合考虑。烫金温度过低，会造成电化铝箔上的镀铝层烫印不上或不牢，导致印迹发花、不完整；烫金温度过高，会造成糊版、电化铝箔印迹起泡、无光泽的问题。

（2）烫金压力

由于立体烫金印版上图文与空白部分的高低较为明显，烫印时需要的压力比平面烫金时的压力大很多，因此需要调整好烫金压力，以免出现剪切力不足或印迹变粗的现象。

（3）烫金速度

烫金速度主要决定于电化铝箔的性能以及它与被烫印材料的接触时间。

与平面烫金相似的是，在确定烫金工艺参数时，通常也是以被烫印材料的特性和电化铝箔的适性为基础，以印版面积和烫印时间来确定温度和压力，温度和压力两者首先要确定最佳压力，使版面压力适中、平整、各处均匀，在此基础上最后确定最佳温度。

四、凹凸烫印版上机调整及烫印要点

烫金工艺参数确定后，可进行印刷规矩的定位，然后进行试烫，当烫印质量达到要求时，经过签样后便可正式烫印。

在烫印过程中问题时有发生，要保证产品质量的稳定现行，应注意以下几点。

① 立体烫金一定要选用精度高的烫印机，因为此工艺需要凹、凸两个模版，一旦机器

精度不够，会造成凸模损坏。

② 采用圆压平烫印时，凸模的厚度应减小一些，凹凸模的凹凸深度也应减小一些，这样效果更好。

③ 对凹凸模版而言，上机调整主要是使凹凸模版上的凹凸图案与印刷图案的位置保持一致。一般可先用一层薄胶皮代替凸模，待凹凸位置调整好后再上凸模，这样调整更方便、省时。

④ 凹模一般用锁版专用螺丝或调整螺丝锁住，而凸模则用专用双面胶来固定。一般双面胶的黏性不够好，可采用在衬纸板上用单面胶粘凸模的做法，这样衬纸板背后还可以垫版，以便有针对性地调节部分凹凸图案的压凹凸深浅。

⑤ 国外有用千分卡尺调整压凹凸位置的专用工具。在凹模打入木板后，在木板或凹模的铝质底座上打出专用的调整孔。用专用千分卡尺调整可以大大缩短调整时间。

⑥ 凹凸烫印版的上机问题比凹凸模版要多一些。除了调整深浅与位置外，还要考虑烫印中的糊版（连烫）、部分脱落（烫不上）及烫印不牢等问题。解决这些问题除了靠调节温度、压力外，烫印凹模边缘的隆起高度、烫印箔的质量（主要是烫金箔中双层胶水的质量）及烫印箔与印刷油墨的亲和性等也都对其有影响。

⑦ 有些烫印箔供应商针对大面积烫印和中小面积烫印可提供不同型号的烫印箔，这是很有必要的。大面积烫印时，温度应有较大的提高才行，因此烫印箔的质量对烫印速度的影响就很明显。采用质量差的烫印箔，烫印速度有时还不及质量好的烫印箔的一半，速度一快就会产生脱落。

⑧ 烫印图案的光洁度除了取决于烫印版的光洁度外，还对烫印温度特别敏感。提高烫印温度会提高烫印图案的光洁度。

⑨ 小面积的金粉溅落与烫印箔的质量、烫印速度都有关。烫印速度快时，应恒定烫印箔的走纸张力。

第八节　全息标识烫印技术

全息标识烫印技术是一种新型的激光防伪技术，是将激光全息图像烫印在承印物上的技术。尽管问世至今时间不长，但在国内外已得到了广泛的使用，主要用于各种票证、信用卡、护照、钞票、商标、包装的防伪。根据全息图烫印标识的特点，全息标识烫印又分为连续图案烫印和独立商标烫印。

连续图案全息标识烫印中全息图案在电化铝箔上呈有规律的连续排列，每次烫印时都是几个文字或图案作为一个整体烫印到最终产品上，对烫印精度无太高要求，一般烫印设备均可完成。而对于需要全息标识烫印能产生更好防伪效果的产品而言，则大多数采用独立图案全息标识烫印，即电化铝上的全息标识制成一个个独立的商标图案，且在每个图案旁均有对位标记。正由于独立图案全息标识烫印具有直观性和技术难度高等特点，到目前为止，是一种最好的包装防伪手段。

全息标识烫印技术的工艺流程为：

全息照片的拍摄→全息模版的制作→全息烫印箔的选用→定位与压印

一、全息照片的拍摄

要进行全息烫印，首先要拍摄激光全息照片，拍摄原理如图5-8所示。

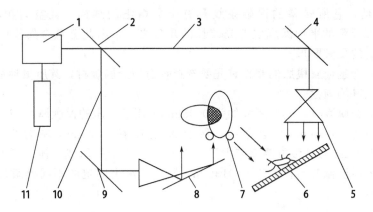

图 5-8　激光全息照相技术原理示意图

1—激光发生器；2—分光镜；3—参考光束；4—折射镜；5—扩束镜；
6—感光底片；7—物体；8,9—折射镜；10—物体光束；11—气体

从激光器发出的光束经分束器被分束成为两束光。一束照射到被摄景物后再反射到感光片称为物体光束；另一束经反射扩束后直接照射到感光片上，称为参考光束。由于激光具有极好的方向性与单色性，两束光在感光片上相遇而发生干涉，形成无数明暗交替的干涉条纹，曝光后经处理就成了全息照片。

由于全息照片上记录的是两束激光相互干涉的结果，因此与原景物无相似之处，当将它放回原处，再用原参考光束去照射，由于光的衍射效应，就能使原来的物光束还原，当人们透过这张全息照片去观看原来的景物时，尽管实物已移去，然而由于人眼仍能接收到原物的光波，因此仍能看到一个逼真的具有立体感的物像。

但这种照片如在白光下观看，由于白光中包含了各种波长的光，照片上的干涉条纹会同时对所有波长的光波都发生衍射，结果出现许多重叠又错位的像，使人无法看清。因此在1968 年斯蒂芬·班顿发明了彩虹全息技术，图 5-9 是彩虹全息图片记录与再现的示意图。

先拍摄一张普通的全息照片，经过处理再将其放回原处，在一束与原来的传播方向相反的光束照射下，在原物所在位置上就会得到原物实像。在这张照片的前面放置一块有水平狭缝的挡板，让再现波从狭缝中通过，使得只有狭缝区域的全息照相底片才能再现出像素。然后，在再现的实像位置上放上感光底片，同时用另一束参考光按图 5-9 所示直接照射到感光片上，经曝光处理就能得到一张彩虹全息照片。

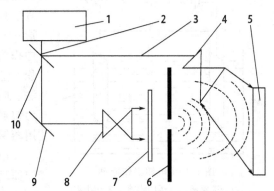

图 5-9　彩虹全息图片记录与再现示意图

1—激光发生器；2—分光镜；3—参考光束；
4,8—扩束镜；5—彩虹全息图片；6—狭缝挡板；
7—全息图片；9—折射镜；10—再现光束

这类照片在普通光照射下，由于每一种波长都会被照片上的干涉条纹所衍射，并且衍射角度也不同，因此观者可在不同位置上看到不同颜色的再现图像。

二、全息模版的制作

由于全息烫印工艺是通过加热加压将金属模版上的浮雕条纹转印到热塑性材料上，它属

于微细加工范畴，它所转移的浮雕条纹具有十分精细的结构，其空间频率通常在1000线/mm以上，而浮雕的平均深度仅有光波长的几分之一，因此全息金属模版的制作比起印刷凸版来有更高的质量要求。

一个理想的全息金属模版的制作首先要选择合适的金属版材，其质量性能要求如下。

（1）厚度及其均匀性

用于滚压的金属版材，其厚度大约为0.05mm。用于平压的模版厚度与全息图的尺寸有关，对50.8mm×50.8mm的全息图，版材厚度应在0.25mm左右；当全息图大于304.8mm×304.8mm时，版材厚度应大于1.016mm。无论平压或滚压，厚度都应均匀，同一块模版的最大厚度偏差不得大于0.013mm，同一压滚上固定的不同模版之间厚度偏差也不大于0.013mm。

（2）应力

金属版应柔韧、平整、无应力。既不出现中心凸边缘卷曲的拉伸应力，也不出现中心凹陷边缘上翻的压应力。张应力或压应力应维持在0~40Pa范围内。

（3）外观

金属版正面应光亮、银白、无裂纹、无针孔、无印迹及任何瑕疵，模版的反面应平整无裂纹、无渗漏、无结疤、无凸缘或无变形。

（4）硬度

应有较高的硬度，维氏显微硬度应保持在210~270N/mm^{2}范围内。

全息烫印对金属模版的要求很高，一般的制版方法很难满足要求，所以目前大多采用电铸方法。全息金属模版的制作主要包括涂布导电层、电铸镍版和剥离三个工艺流程。

全息照相获得的光刻原版本身并不具备导电性能，所以在电铸之前要在光刻原版表面涂布导电层，使其在电铸时作为阴极。这层金属导电层有两个作用：首先在光致抗蚀剂表面沉积极微细的金属颗粒，可将浮雕全息图上的干涉纹槽真实地转移到金属表面上，形成全息金属模版的雏形；其次光致抗蚀剂表面的导电层在以后的加厚电铸中作为阴极芯，将吸引源源不绝的离子在其上进行沉积，达到加厚的目的。涂布导电层主要有化学沉积法、喷镀法和蒸镀法三种不同的工艺，镀层材料一般为银或镍。目前全息烫印工艺中多以镍为导电层，采用蒸镀法来进行涂布。

电铸镍版采用电化学原理在电铸槽内进行，其工作原理如图5-10所示。

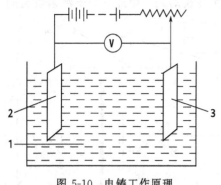

图5-10 电铸工作原理
1—电解液；2—阳极镍板；3—阴极

当外加电源在两极板之间施以一定电位时，阳极镍板上的镍被电离而在阴极光刻原版上还原成镍，以形成足够强的凹凸形状的镍层，其厚度一般为50~100μm。为保证电铸镍层质量的稳定性，应合理控制电解液的性质及工艺条件。最后，将电铸层剥离下来，即制成金属模压版。

三、全息烫印箔的选用

全息烫印箔的结构与普通烫印箔相比，染色层是光栅，即显示色彩或图像的不是颜料，而是激光束作用后在转印层表面微小坑纹（光栅）形成的全息图案，这是全息烫印箔与普通电化铝在结构上的最大不同。图5-11所示为普通烫印箔和全息烫印箔结构的区别。

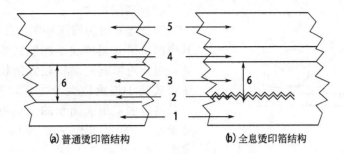

(a) 普通烫印箔结构　　　　(b) 全息烫印箔结构

图 5-11　普通烫印箔和全息烫印箔的结构区别

1—胶黏层；2—镀铝层；3—染色层；4—剥离层；5—箔片基膜；6—转印层

烫印时，在烫印印版与全息烫印箔相接触的几毫秒时间内，剥离层氧化，胶黏层熔化。通过施加压力，转印层与基材黏合，在箔片基膜与转印层分离的同时，全息烫印箔上的全息图文以烫印印版的形状转移烫印在基材上。

选定全息烫印箔后，将宽幅材料分切成所需宽度的窄幅材料。宽度至少要比成品宽20mm 左右。分切好的窄幅卷材要求端面整齐，卷曲张力合适。

四、定位与压印

和其他印刷方式相比，全息图像印刷所用的印刷设备不需要输墨装置，而是通过压印装置在压印机上的金属模版完成印刷过程。压印按热压、冷却、剥离工艺过程进行。通过压印将模版上的干涉条纹转移到承印材料上。

模压复制分平压和滚压两种基本的加工方式。对于不同的压印方式，需配以不同的专用设备。

（1）平压方式

平压平是一种间歇式印刷过程，加压时整个全息模压版表面同时受压，其原理如图5-12所示。

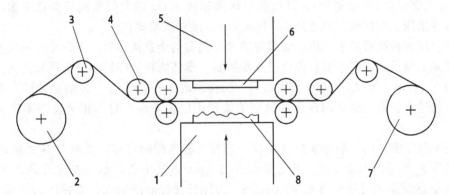

图 5-12　平压平式压印机

1—热压装置；2—供料辊；3,4—张紧轮；5—冷压装置；6—压印板；7—收料辊；8—全息模压版

平压平压印机由供片滚筒、张紧轮、输片轮、收片轮、收片滚筒、金属压印板、热压模和冷压模组成。每一次压印过程可以分为供片、加压、保持、剥压、收片几个阶段，整个过程约需几秒钟。平压加工对金属模版的要求很高，如果模版厚度不均匀，则无论怎样加大压力都无法得到高质量的全息图像。平压加工虽然生产效率较低，但是只要全息模版质量高，仍可以获得高质量的全息图像。

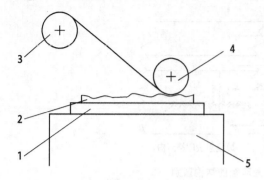

图 5-13　圆压平式压印机
1—移动平板；2—全息模版；
3—输片轮；4—压辊；5—加热平台

（2）滚压方式

滚压方式分为圆压平和圆压圆两种印刷方式。其中圆压平式仍然属于间歇式生产方式，效率不高，但是可以制造面积较大的模压全息图像。圆压圆式属于连续性生产方式，不仅生产效率高，而且可以制造很大面积的全息图像，主要用于大批量生产场合。图 5-13 是圆压平式压印机示意图。

圆压平式压印机由调温加热平台、移动平板、全息镍压模、压辊和输片轮等部分组成。每一压印过程可分为供片、滚压、移动、冷却、剥离几个步骤。

圆压圆式压印机是目前最先进的一种方式，如图 5-14 所示。

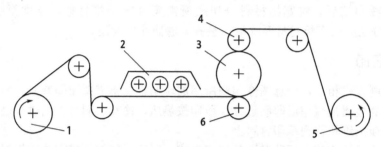

图 5-14　圆压圆式压印机
1—给料辊；2—加热器；3—印版辊；4—冷却辊；5—收料辊；6—压印辊

圆压圆式压印机加压过程两个压辊之间接触宽度小，因而施加的压力小，全息版的使用寿命长。与平压平式、圆压平式压印机相比压印压力小，因此压辊可以更长、直径更大（例如长 66cm，直径 10cm 或更大），可以压印幅面超过 30cm 的大尺幅模压全息图像。圆压圆式压印机的滚压速度很快，可达到 15.24m/min，生产效率高。

无论使用哪种类型的压印机，如果完成独立图案的全息烫印时，无论全息图案在烫印箔上的位置多么精确，烫印中误差仍会被逐步积累。即便能将烫印箔上全息图案之间距离的误差缩小到 0.01mm，在烫印 1000 个图案后，仍会出现 1cm 的误差。为消除烫印过程对烫印精度误差的逐步积累，独立图案全息烫印箔需要用定位光标及时修正全息图案在间距上的误差。

每一个烫印箔上的全息图案都需要有一个与之相匹配的光标，图案与其光标的相对位置必须恒定。光标必须是方的，其边长最小为 3mm，其中心线最好与全息图案的中心线一致，与全息图案之间的距离至少为 3mm。为保证光标的准确性，光标的边缘应该很直，光学特性敏锐且一致。目前用于定位系统的技术有基本型、与烫印版同位型和智能型 3 种。

图 5-15 所示的基本型定位系统，是定位烫印技术中最简单的一种。探测器距离烫印版有一定距离，识别的图案不是正在烫印的图案。因而这种定位技术必须要求所有的全息图案之间的间距完全相符，否则，任何误差都会反映为定位烫印上的误差。

图 5-16 所示的与烫印版同位型定位系统，其探测器紧邻烫印版，定位的图案与烫印图案一致，是最准确的一种定位技术，特别适用于小型平压平烫印机。

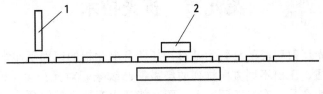

图 5-15　基本型定位系统
1—探测器；2—烫印版

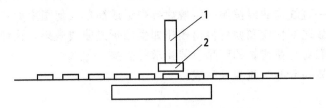

图 5-16　与印版同位型定位系统
1—探测器；2—烫印版

图 5-17 所示的智能型定位系统，其探测器的位置虽与烫印版有一定距离，但使用了微处理器进行控制，以保持对光标间距的跟踪，并拉动烫印箔来改变图案的位置，提高了定位的准确性。这种定位方式对烫印箔的张力控制比较敏感。

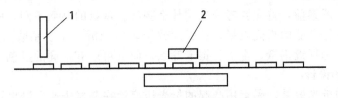

图 5-17　智能型定位系统
1—探测器；2—烫印版

目前在单张纸上烫印多个图案的应用越来越多，其中最有代表性的是烟标、药包以及化妆品的外包装盒。出于大批量生产对效率的要求，通常每条烫印箔需要一次烫印 3～5 个图案。于是，对烫印箔上独立全息图案的位置精度有了更高的要求，要求全息烫印箔的生产商有能力严格控制全息烫印箔上独立图案的排列精度和箔卷的分条精度。

为了将多个独立全息图案一次烫印在基材上，需要预先计算出全息图案的排列方式。假设一次有 5 个图案需要烫印，而每对相邻烫印版间只有 2 个图案，则烫印箔被拉动的顺序为：走动 1 个图案—烫印；走过 2 个图案—烫印；走过 3 个图案—烫印。以这样的顺序做大小跳步时，会使箔纸的张力出现很大的差别，导致定位误差。解决办法是：预先计算好全息图案的排列方式，每次走过 5 个图案，从而不必做大小跳步。

全息烫印中所用的被烫印材料一般采用热塑性树脂，如 PVC、PET、PS、PP 薄膜等，目前大多采用 PET 薄膜。烫印的过程按热压→冷却→剥离三步骤进行，通过压印将模压版上的干涉条纹转移到承印物上，完成全息图像的制作。

为了便于压印后的全息图像在白光下观察，需要 PET 薄膜上真空镀铝构成反射层，利用铝对光的反射作用可以清晰地看到五颜六色的彩虹全息图像。假如不用铝而使用无机化合物，如氧化物或硫化物等，经过真空蒸镀形成反射层，可以在一定角度下看到全息图像，而在其他位置只能看到底层印刷物，这就是透明型全息图像。

第九节 折光技术

折光技术是以光反射率高的材料为基材，如烫有电化铝的镜面承印物或镀铝纸等，通过一定角度密纹压凹凸，压出不同方向排列的细微凹凸线条，对光产生不同反射的工艺技术。通过这种工艺加工的产品，在光的照射下，图文能产生有层次的闪耀感和二维立体图像，使印刷品富有立体感。

近年来折光技术越来越多地应用于各个印刷领域，它已不再是采用压痕线、分割块面，或由不同方向的单一直线与曲线按照一定规律排列组成简单几何图案如三角形、圆形等，而是根据画面图案的弧线变化使画面变换出栩栩如生的折光曲线效果，这种效果的折光制作技术已能极大满足人们对日益增长的产品包装要求的需要。

目前折光技术需要分两个流程来完成。

流程1：

原稿→分色制版→晒版→印刷

流程2：

原稿→设计折光→制金属版胶片→制折光版

当这两个流程都完成后，再在印刷品表面进行压痕，最终得到折光产品。在折光技术中要考虑三点：折光基材的选择、折光图案的设计和折光版的制作。

1. 折光基材的选择

印前设计折光图案前，首先要考虑选用什么基材。基材的性质不同，所呈现的光泽性质也不一样，要想获得良好的折光效果，就必须选用表面光滑、反射系数大的材料来做基材。通常折光印刷中会选择镀铝纸、金卡、银卡等纸，而且可以有不同的颜色。

2. 折光图案的设计

产品上产生的折光效果，是运用凸起的折光压痕版在基材表面压制出不同角度有规律排列的凸痕线条的几何图形来表现。对应版面图文信息不同部位，操作者利用电脑软件设计、制作和完成不同网线、不同花纹和不同角度的图案。进行线条和角度变化处理的折光版的网线粗细要根据图文性质而定，一般情况下包装印刷产品的折光版的网线粗细在60~200lpi，金属画的折光版为170~300lpi。

3. 折光版的制作

进行折光加工的折光凸版通常选择铜版，因为铜版质地细腻，可以制作较为细密的线条。而锌版质地较粗，采用它制作折光版，线条的清晰度、细密性和耐印力都不如铜版。

铜版制作折光压痕版，方法和凹凸压印工艺中凸版的制版方法完全相同。

折光技术通常分两步进行，即先印彩色图案，再进行线条图文的压制。彩色图案印刷与传统印刷相同，只是油墨宜选用透明度好、光亮强、干燥快的油墨，否则会影响折光效果。线条图纹的压制质量好坏，全在于压印机械压力的大小。折光操作时需提高压痕力才能制出良好的折光产品。

在折光压印过程中，常见有以下三个问题。

1. 折光主题不突出

产生原因：折光变化过多；折光线数确定一致。

排除方法：减少折角的数量。

利用主题部位的折光线数区别与次要部位的折光线数，突出不同部位的折光效果。

2. 彩色图像出现龟纹

产生原因：折光线条的角度和彩印加网线数角度相同。

排除方法：彩色图案选择加网角度时要考虑与折光线条角度的匹配性。

3. 折光压纹不明显

产生原因：折光版凹凸差异太小；衬垫太软；压纹线数太高。

排除方法：加大凹凸密纹线条高度的制作；选择合适的衬垫；根据画面的精细程度设计折光线数。

复习思考题

1. 烫印可以分成几种形式？各有什么特点？
2. 烫印材料的种类、组成和特点是什么？
3. 烫印材料怎么选用？
4. 电化铝箔材的结构是怎样的？
5. 常用电化铝烫印设备有哪些？
6. 何谓电化铝烫印？其工艺原理是什么？
7. 电化铝烫印工艺的基本内容有哪些？
8. 电化铝烫印的工艺控制参数有哪些？如何确定？
9. 印刷墨层对电化铝烫印有何影响？
10. 为什么烫印时印版会脱落？
11. 为什么电化铝箔有时烫不上？
12. 烫印时为什么会产生"反拉"故障？
13. 烫金常见故障与解决方法有哪些？

第六章

压凹凸与压花压纹

压凹凸是一种不用油墨的压印方法。任何物体在空间都具有长度、宽度和高度三维的立体形态，存在前后、左右、上下的关系。但是，一般的照片、图画和印刷品属于二维平面，并非实在的三维立体形态。对印刷品表面进行压凹凸加工，就可以使二维印刷品表面产生立体效果，使印刷品更加美观。

第一节　概　　述

压凹凸也称凹凸压印、压凸、扎凹凸、凸凹印刷等，是用模具将凹凸图案或纹理压到印品上的工艺。压凹凸技术多用于印刷品和纸容器的印后加工，如高档的商品包装纸、商标标签、书刊装帧、日历、贺年片、瓶签等包装的装潢。

一、压凹凸的原理

压凹凸是印刷品表面装饰加工中一种特殊的加工技术，它使用凹凸模具，在一定的压力作用下使印刷品基材发生塑性变形，从而对印刷品表面进行艺术加工。

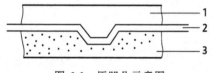

图 6-1　压凹凸示意图
1—凸模版；2—纸；3—凹模版

压凹凸不是使用油墨，而是直接利用印刷机的压力进行压印（如图 6-1 所示）。经过压凹凸的印刷品，图像生动美观，有立体感，艺术效果非常强，大大提高了印刷品的附加值。

二、压凹凸的形式

压凹凸根据最终加工效果的不同，一般常用的工艺类型有以下几种。

1. 单层凸纹

印刷品经压印变形之后，其表面凸起部分的高度是一致的，没有高、低层次之分，并且凸起部分的表面近似为平面。

2. 多层凸纹

印刷品经压印变形之后，其表面凸起部分的高度不一致，有高、低层次之分，而且凸起部分的表面近似于图文实物的形状。

3. 凸纹清压

印刷品经压印变形之后，凸起部分同印刷品图文边缘相吻合，中间部位的形态、线条则可稍微自由一些，不必完全重合。

4. 凸纹套压

印刷品经压印变形之后，凸起部分同印刷品图文不仅边缘相吻合，中间部位的每一个细部也要相吻合。

三、压凹凸技术的应用与发展

压凹凸工艺在我国的应用和发展历史悠久。早在 1000 年前的宋代，印刷就使用了铜版雕刻工艺。铜版雕刻工艺是一种浮雕艺术，铜版材质具有很好的雕塑处理性能。当有意识地将雕版上的图文与空白处平面雕刻的凸凹加强，用力加大，并选用柔韧适当的纸张作为承印载体时，其印刷后的图文便会产生或凹陷于原纸平面之下或凸立在原纸平面之上的凹凸浮雕立体效果，凹凸压印技术由此产生。我国明代印制的《十竹斋笺谱》就是利用凸版在画笺上压印花叶脉纹和水波云浪的，当时称为拱花。

在 20 世纪初，手工雕刻印版、手工压凹凸印工艺的凹凸压印技术在中国正式应用并逐渐成为一个独立的工艺体系。在 20 世纪 40 年代已发展为手工雕刻印版、机械压凹凸工艺，20 世纪 50～60 年代基本上形成了机械或半机械化的凹凸压印成熟技术。近年来，随着印刷技术的不断进步和印刷品尤其是包装装潢产品趋向表面整饰的多样化、艺术化，凹凸压印工艺越趋普及和完善，印版的制作以及凹凸压印设备也正逐步实现半自动化、全自动化。国外已实现了包括多色印刷机组在内的全自动印刷的凹凸压印生产线。

第二节　压凹凸的印版制作

压凹凸需要制作两块配合精度要求很高的印版：一块为凹版，一块为凸版。压印过程中，凹、凸印版要承受较大的压力作用，所以要求版材具有一定的硬度和耐磨性。常用的凹版基材有：锌版、铜版和钢版。常用的凸版基材有：高分子材料、石膏和纸。凹凸印版的制作是压凹凸工艺中的一个重要环节。

一、凹版的材料选用与制作

凹版又称为阴版，一般采用铜板或钢板做版材，厚度约 1.5～3mm。制作凹版的雕刻刀具按不同用途分为尖刀、平刀、圆刀、排刀四种。刀具宽度 0.3～0.5cm，长度 10cm。雕刻的深度因纸张承受压力程度不同而异，一般深度控制在版厚 50％ 左右，以不破为宜。通常，对于厚纸，过细的刻纹压印效果差，而对于薄纸，过深的图面压印易碎。此外，在雕刻的两个块面衔接处，要有一个由浅入深或由深入浅的坡度，以使整个印面和谐统一，使主体更突出、层次更丰富、立体感更强。

凹版的制作方法有化学腐蚀法、雕刻法和化学腐蚀与雕刻共用的综合法。在实际生产中，为了提高制版效率、降低劳动强度，往往采用综合法制作凹版。凹版制作基本程序如图 6-2 所示。

1. 底板的准备

凹版制作前，首先应根据被加工印刷品的特征及要求合理选用底板。铜板和钢板的材质密度、加工难度、成本造价均高于锌版。一般来说，如果加工的凹凸压印产品图文简单、加

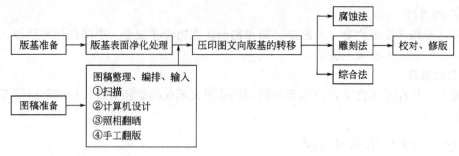

图 6-2　凹版制作基本程序

工数量又不大时可选用锌板；否则则选用铜板或钢板。

2. 凹凸图文向版基的转移

凹凸图文向版基的转移，可以根据制版技术条件，采用照相翻晒、手工翻样和计算机直接绘制等方法。

（1）照相翻晒法

在版基上均匀涂布一层感光胶，将通过原稿照相获得的底片密覆于版基表面，然后通过曝光、显影后得到图文转移后的版材。照相翻晒法操作简单、精度高、劳动强度低，可适用于化学腐蚀法和雕刻制版法，适合加工各类复杂程度不同的原稿。

（2）手工翻样法

根据设计好的图样，用透明材料将所需凹凸的部分用划针精确地描刻出划痕，然后在划痕上均匀地涂布炭粉，并将其固定在涂布了一层白广告色并干燥的版材上，施以一定的压力，图样轨迹炭粉完全转移到广告色涂层上，翻版完成。手工翻样法成本低、周期短，但仅适用于雕刻制版法，适合加工精度不高、压印图文简单、层次较少的印版。

（3）计算机直接绘制

其操作程序如图 6-3 所示。

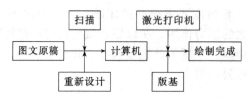

图 6-3　凹凸版计算机直接绘制操作程序

3. 凹版的制作

（1）化学腐蚀法

用有不同性能的化学材料按一定比例配兑成对版基有腐蚀作用的液体，作用于版基表面，使版材表面按已转移图文的准确部位与其他表面产生不同的化学变化，生成能满足压印要求的凹陷图文。

化学腐蚀法操作虽较简单，但腐蚀液的浓度、温度、腐蚀时间以及腐蚀液的作用强度、搅动晃荡等因素对印版生成质量均有一定影响。制作过程的工艺条件要严格控制。由于该法有制版速度快、图文轮廓准确、劳动强度低等特点，在对凹凸压印精细要求不高、批量较小的产品加工时，仍是主要的制版方法。

（2）雕刻法

由人工或机械借用专用工具，按版材上转移来的图文要求保留或按不同深度去雕刻剔除，制出符合压印加工要求的印版。对金属版基的作用需要付出较大的劳动强度，尤其是制作图文复杂的印版时，不仅制作周期长、技术难度大，而且要求操作人员具有一定的文化艺术修养和较实在的美术、印刷、雕刻基本功底。

（3）综合法

在用化学腐蚀法制成图文凹陷较浅、整个版面凹陷深度一致的制版基础上，再采用雕刻法做进一步的精细修整和不同程度的再加工，使图文凹陷深度达到压印印刷品凸起高度的要求。

综合法先通过化学腐蚀液的腐蚀作用替代了大量的基础雕刻劳动，从而减少了制版时间，降低了劳动强度。又用技工的文化素养和雕刻技法，弥补了化学腐蚀液作用效果均衡、平淡的缺陷。

4. 凹版质量的检测

凹版制出的凹陷图文在进行压印后，产生出超出纸张平面凸状的对应图文。凹陷图文的立体形态和深浅层次是否准确、逼真，反差是否适宜，总体效果是否符合压印要求，采用目视检查一般很难直接看出。可以用橡皮泥（手工操作）、热固性酚醛树脂（机械热压）先压入凹版，待揭去凹版后，再检查成型品凸状浮雕效果，可做出凹版质量的准确检测。

二、凸版的材料选用与制作

凹版制成后，还需配置一块与凹版图纹相反的压印凸版。通常采用复制工艺，即以制作好的凹版为母模，复制一块与凹版完全吻合的凸版。复制工艺有两种：一种是传统的石膏凸版工艺，另一种是新型的高分子材料凸模工艺。

（一）石膏凸版的选用与制作

1. 原材料

石膏粉，加热至150℃脱水成"熟石膏"，可研磨成细粉，作为制凸版的主材料。阿拉伯树胶，用作石膏粉的黏合剂，增强石膏干燥后的耐压强度。糨糊，用作石膏粉的缓固剂，便于制版操作。纸板，要求纸质疏松，用于凸版基础剪垫。薄纸，作为防止与凸版底模粘连的隔离层。细砂纸，用于对凸版成型的修整。

2. 制作方法

将制好的铜（钢）凹版粘置在平压机的金属底板上校平，并在压印平板上用黄纸板糊好，然后用树胶液和糨糊调和石膏糊，快速把石膏糊涂在粘有黄板纸的平板上，稍加摊平，铺上一层薄纸。为防止石膏粉落入版纹之中，再盖上一层塑料薄膜。压印前在凹版上轻轻地刷一层煤油，防止压印时粘坏石膏模子。第一次压印力要小，能略显出影子即可；第二次压印时，在凹版后面加垫一张较厚的白板纸，待石膏粉快干时压印上去，待石膏粉完全固化干燥后铲除四周多余的石膏，石膏压印凸版即制成了。

（二）高分子材料凸版的选用与制作

传统的石膏凸版复制工艺复杂、费时，而且石膏强度低，随着压印的继续，石膏因为挤压而下塌的程度加重。因此，寻求一种机械强度好、成型快速方便的新材料势在必行。根据以上要求，选择高分子合成材料中的热塑性塑料是理所当然的。综合比较表6-1中所列各种材料的性能，聚氯乙烯和聚苯乙烯都是比较理想的，但聚苯乙烯质脆，裁切不便。最终选择来源最丰富、价格最低廉的聚氯乙烯。

表 6-1　常用高分子材料及基本性能

高分子材料 ＼ 性能	黏流温度/℃	弹性模量/Pa	一般物性(室温)	成型温度最佳值/℃	与橡胶型黏合剂的黏结强度
聚乙烯(低压)	110～130	0.12	软韧	120～190	差
聚丙烯(等规)	170～175	0.125	硬韧	150～200	较差
聚氯乙烯(硬质)	165～190	0.250	硬韧	135～180	较好
聚苯乙烯(无规)	112～146	0.325	硬脆	110～160	好

1. 高分子材料凸模的成型工艺

热塑性塑料的成型方法有注射成型、挤出成型、真空成型等。模压成型属二次成型，即将塑料板材与模具重合后放入具有加热及冷却系统的压机内，通过调节温度与压力得到与模具形状一样、凹凸相反的制品。这种成型方法具有模具可变性大、控制简单、操作方便等优点。具体工艺有以下几方面。

① 表面清洗。将裁切好的聚氯乙烯板进行表面清洗，去除毛点、油污。阴模版和模框也做同样清洗。

② 涂脱模剂。在阴模版、聚氯乙烯板的接触面涂刷脱模剂。常用的脱模剂有硅脂、硅油及二者的混合物。

③ 装框上机。将阴模版、聚氯乙烯板装入模框内，盖上盖板，送入压机。注意必须将聚氯乙烯板置于阴模版的上方，阴模版四周与模框壁之间应留有适当空隙，以便让多余的熔融状料液流出。

④ 升温加压。升温前适当加压使被压物密合，当温度达到预定值后加压。压力大小应视版面大小、图纹深浅、线条粗细有所变动，一般应控制在 100～300kg/cm²。

⑤ 冷却脱模。当温度冷却至室温后卸压、脱模。

⑥ 裁切检验。将图纹以外的边角裁切后，经检查无缺陷即告完成。

2. 高分子材料凸模的固定方法

高分子材料凸模是用双面胶布固定在压印机上的。具体方法以平压型烫金机为例。

① 固定阴模版。将阴模版用双面胶固定在比它大一些的铝板上，并用螺钉将铝板定位于电热板上。注意阴模版图纹重心应处在电热板的中轴线上，以使压力均衡。

② 粘贴双面胶。将双面胶裁切后粘贴在新凸模的背面。注意凸模四角处的双面胶应适当剪去四个角。

③ 吻合凸模。将新凸模吻合在阴模版上，用玻璃胶固定四角。

④ 凸模转移固定。开机，合上平板，在压力作用下，高分子材料凸模通过双面胶转移固定在平板上。

3. 影响高分子材料凸模质量的主要因素

① 模压时的温度太低，凸模强度差，表面不好；温度过高，聚氯乙烯发生降解，表面焦黑；模压时的压力太小，料液达不到凹模底部，凸模产生缺陷；压力过大，容易损坏设备。

② 压制的凸模，其基底厚度一般控制在 0.5～1mm 之间，其数值主要由模框深度和阴模版的厚度决定。聚氯乙烯板的厚度要适当，应根据阴模版的深度改变。阴模深，聚氯乙烯板要厚，反之亦然。

③ 在压制凸模时，可在阴模版与聚氯乙烯板之间垫一层至数层薄型纸。垫多少可视凹凸印件纸张的厚薄、质地、图纹粗细、凹凸深浅而定。这样既有利于脱模，又能避免印件破裂。

4. 高分子材料凸模工艺的主要优点

① 快速。从凸模的压制至装版结束总共才 30min 左右。一般压制 20min，装版 10min。

② 方便。高分子材料凸模的压制、装版都很方便。由于用双面胶固定，无熟练技术的工人也能进行。

③ 印件轮廓始终饱满挺括。一般说来，轮廓的饱满程度由凹凸版本身的形状决定，但由于石膏强度低，每次压印都会因挤压而往下塌。虽然在初期印件上看不出来，但随着压印的继续，塌的程度会愈来愈严重，以至后期印件明显地不如前期的轮廓饱满。而聚氯乙烯强度要比石膏大得多，压印时虽有形变，但属于瞬时的弹性形变，这种形变来自高聚物分子链的链角和链长拉伸，应力除去后会立即复原。所以，在通常的印刷压力作用下，印件在相当的制印数内能始终保持轮廓饱满挺括。

④ 耐印力高。

⑤ 有利于商品化。传统的凹凸版都是先制好阴模版，再在压印机上用石膏当场复制出凸模。现在凸模可以快速方便地预制，这就使商品化得到可能。

⑥ 有利于发展凹凸印刷。凹凸版的商品化，使一些缺乏技术工人的小厂也能压制出精良的凹凸产品，有利于凹凸印刷的发展。

第三节　压凹凸设备的调整

由于凹凸压印的压力大才可以压出层次好的产品，所以宜采用四开或者对开模切压痕专用设备，这种机器只有简单的传动和压印装置，使用比较方便。压凹凸工艺的设备目前主要有三种：平压平型、圆压平型及圆压圆型。

一、平压平型压印机

平压平型压印机是指印版支承体和压印体都是平的印刷机。一般压凹凸要求承印版面较小、所受压力较轻的产品，多采用平压平凸版印刷机。版面较大，压力要求较重的印件，则可以采用对开平压式压印机，其结构如图 6-4 所示。平压平型压印机冲击力大、压印产品轮廓层次丰富，但机速较低，印刷效率不高。

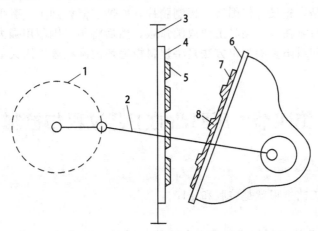

图 6-4　对开平压式压印机结构

1—曲柄机构；2—连杆；3—印版平台；4—底板；
5—印版（凹）；6—压印平板；7—衬垫物；8—凸版

二、圆压平型压印机

圆压平卧式压印机与一回转平台凸印机基本相同，只是去除了上墨装置。运转时，印版台每往复运动一次，压印滚筒转一周，即完成一个压印过程。由于圆压平型压印机的运转阻力小，所以机速较快，压凹凸的印刷效率较高。但另一方面，由于圆压平型压印机的压力冲击力小，所以印件的凹凸层次不及平压平型的丰满。

三、圆压圆型压印机

圆压圆型压印机的印版支承体、压印滚筒都是圆筒状的，完成压凹凸过程时全做旋转运动。在卷筒纸制品的印后加工单元，一般均采用此类圆压圆压凸工艺，即采用一对对滚的圆柱形模具，一个为阴模，另一个为阳模。模具装置于滚筒上，滚筒的结构分整体式和装配式两种，如图6-5所示。装配式便于更换不同的压凸模具，整体式则更能保证压凹凸的精度。整体式压凸钢模的制作方法一般有两种：第一种方法是在凹版电子雕刻机上对腐蚀层进行雕刻（可运用专用计算机软件进行无软片雕刻），然后进行腐蚀，刻印深度达到1～1.2mm；另一种方法是先机械雕刻，后经人工修整精加工制成压凸钢模。组装式压凸模具，大批量生产（上千万件）时使用钢模，一般生产（几万到十几万）使用铜模或铜模电镀铬。

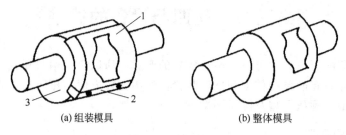

(a) 组装模具　　　　　　　　　　　　(b) 整体模具

图 6-5　压凸模具

1—模具；2—夹紧块；3—滚筒体

模具的材料一般要根据不同的工艺要求和使用寿命来选择，有的都采用钢模，有的一个是钢模（或其他金属模）、另一个是硬塑料模。纸张经过阴阳模对滚加压成型，成型深度在0.14mm左右。

铜模制作方法是，先设计好图案，再制胶片，腐蚀、修整加工。有平版和圆弧版腐蚀两种方法，平版腐蚀后需在专用夹具上弯成圆弧版，然后将圆弧铜版用强力胶粘在弧形钢板上即成组装式铜模。塑料阳模的加工方法是将塑料模毛坯的圆柱表面用火焰喷枪加热后与金属模对滚加压。

第四节　压凹凸的工艺过程与控制

一、压凹凸的工艺过程

压凹凸的主要工艺过程就是装版和压印。

1. 装版

① 粘版。把凹凸压印版的凹版配上合适的金属板，中间衬入一层卡纸粘牢，检查印版高度。

② 定位。凹凸印版尽量装在版框的中间位置，使压印时受力均匀。把版框放大版台后

定位，将定位螺丝旋紧，防止松动。凹版定位要准确，并要垫平，否则压印时会套压不准。

③ 校验印版高度。用印版高度规或活字检查，测量凹凸压印印版的高度。使底板与凹凸印版的总厚度略低于压印标准高度。

④ 压印机构糊纸板。在压印平板或压印滚筒表面糊上一张 8 号黄纸板。黄纸板的面积以四周各超出版面 2～3cm 为宜，用胶水涂匀、粘牢，使其平整无凸起。

⑤ 调整压印力。凹凸压印印版版面凸出部分处在同一平面时，观察凹凸压印的印刷压力，印版各部分的压力应均匀。调整时，可用墨辊在印版表面均匀地涂布一层油墨，用一般调整压力的办法，垫平版面，按版面凹凸层次在压印机构做细垫，先在凹面印版背部基本垫平后，再在平板部位匀垫。

⑥ 轧凸面纸型。对版面轮廓层次较多部分按层次深浅程度，用宝塔型垫法按层剪贴垫实。将裁切成与版面规格一致的黄纸板粘贴在垫纸的表面，洒水浸湿后，开机连续轧印成凸面纸型。

⑦ 做石膏凸版。在垫版面层基本形成的基础上，铺上石膏层。石膏层厚度以拿起不会掉下为宜，版面小用量少则可厚一些，版面大用量多则可薄一些。石膏浆容易干燥，用较薄石膏层时，应使干燥时间适当延长些。版面压印时，石膏层不粘连，便于版面大的印件进行操作。按凸版制作方法经过试压、修整，做出凸版。然后校正规矩位置，在凸版上覆上一层牛皮纸，便于输纸压印。

2. 压印

压凹凸的方法与一般印刷方法相同，尤以平压平压印、手工输纸较为普遍。有的压凹凸工艺与模切压痕工艺和烫金工艺安排在一起，在同一台机器上完成，实现程序控制。

① 开机试印。开机要注意由慢到快，逐渐进入正常运转状态，发现不正常情况立即停机检查。试印无问题，即可进入正常压印。

② 定位与防双张。压印前，输纸装置或用手工方式把纸输送到规矩处定位，防止双张进入。若双张纸进入会加重压印负荷，使凸版石膏层压缩或压碎，影响以后凹凸压印质量。

③ 检查印版。压印过程中，经常检查印版松动和移位情况，尽量不要移动印版和版框，防止套印不准。

④ 清理印版。压印过程中，经常清刷印版上的杂质，防止垃圾碎粒压入，损坏凹凸印版和石膏层。

⑤ 检查承印物。压印过程中，承印物出现折角、杂质、双张、多张或混有纸浆块的现象，将会给石膏版带来损伤，影响压印质量，造成图文立体感不强、线条不清晰等，要随时检查排除。

二、压凹凸前的准备工作

压凹凸工艺的制版工艺非常重要，同时由于压凹凸的印版版材厚度不一致，选用底板的厚度也不一致。所以，压凹凸前要做好以下准备工作。

1. 检查印版质量

压凹凸的印版制作完后，应该先检查版面结构是否完整、层次是否分明，版面图文、规格与印刷图文、规格是否相适应。版面如果有麻点、毛刺等应该处理干净。

2. 合理选择压凹凸的底板

由于压凹凸的压力大于同面积的彩印图版的印刷压力，若采用受压比较容易变形的胶合板充当底板，压凹凸图文难以达到理想的浮雕效果。所以压凹凸的底板应采用金属性的材料，如磁性板台、铝板底托或电热板等抗压强度高的材料。

目前，大多数生产厂家采用金属底板，金属底板分为普通金属底板和电热金属底板两种。采用电热金属底板压印时，底板先进行加热。压印时，印版与纸张接触，纸张受热，可塑性就增大，容易变形而不易破碎，压印效果能得到明显改善。但因金属电热底板造价较高，耗电量也大，成本较高，故使用尚不广泛，目前只有少数高级产品采用。

3. 凹凸版装版技术的把关

装版时，凹版应装在版台居中处，以确保压力的稳定和均匀，使凹凸图案轮廓保持清晰。粘版时应注意一次性对准位置后粘牢，以防止压印中途印版出现挪移而产生质量问题。所以，非石膏制作的凸版，在凹版粘准后，可将凸版（背面应先粘上双面胶布）图文与凹版图文轮廓套合，并在两边缘适当位置上用胶水稍微粘连起来，之后，开动机器进行压印，让凸版准确无误地粘在压印平板上。

三、不同压凹凸形式的工艺要求

不同的压凹凸形式，其工艺要求也各不相同。

1. 单层凸纹

单层凸纹压印工艺，设计及加工中应根据被加工印刷品的性能统筹考虑，一般是：承印纸张厚、抗张强度大时，图文凸起高度可适当大一些；承印纸张薄、抗张强度低时，图文凸起高度可适当小一些。另外，印刷品的表面是否经复合后处理、复合材料的种类性能以及采用何种方法、凸起图文的疏密程度和线条粗细等也应同时予以考虑。

2. 多层凸纹

必须根据印刷品的图文性能及实物的基本结构关系，做到压印后的图文层次清楚、深浅适宜，既满足人们欣赏的视觉和心理要求，又不失真实，重点醒目、突出。

3. 凸纹清压

凸纹清压加工时，要从总体效果考虑，边缘轮廓线一定要准确清晰，中间部位的繁简处理要适当，图文凸起后应能使被加工印刷品图文重点突出，做到局部和整体和谐统一。

4. 凸纹套压

凸纹套压时，由于要求边缘、中间部位凸起后同印刷品图文都要准确无误，完全吻合，所以印刷中印刷品的套印程度、整批产品的规矩和规格、承印纸张的环境适应性以及阴阳版的制版误差、机器的设计精度等都应同时考虑，稍有欠缺就很难达到理想的加工效果。

四、不同图纹的压凹凸要求

压凹凸产品的要求是整体和谐统一、重点突出、层次丰富、立体感强。不同类型的图案对压凹凸的技术要求也是不同的，具体如下。

人物图案要表现面部和衣服特点，五官位置正确，层次清楚，头部端庄，不呆板。

动物图案主要表现体形和表皮特点，抓住特点充分表现。

花卉图案主要表现花瓣特点，注意花瓣之间衔接的深浅层次，有分有合，务使每片花瓣有不同的表现方法，防止千篇一律，生硬呆板。

建筑物图案主要表现轮廓结构及景深层次，分清主次，按照近深远浅、大深小浅的要求来表达，突出主要线条轮廓。

日用品图案主要表现物体的真实感和立体感。

文字花纹主要表现文字造型的艺术感。汉字有严谨的结构和艺术性，运用凹凸压印工艺可以更加增添它的艺术光彩。文字表现方法有线条形、平方形、胖圆形等几种。一般文字较小时较多采用线条形，字体轮廓方正时较多采用平方形，而难度较大的手写体粗笔字则较多采用胖圆形。雕刻时运用粗细深浅手法进行艺术加工，充分反映文字的笔触笔锋，使字迹精神饱满、颇有特色。压凹凸时，压力要调节合适，以保证文字最终浮凸效果。

花纹图案是压凹凸工艺常用的表现方法，有的是不规则的花纹，有的是规则的花纹，其表现方法基本与文字表现方法类同，可按需要采用线条形、平方形、胖圆形等加工工艺。

总之，只有充分掌握不同图纹的压凹凸技术要点并控制好压凸过程中的工艺，才能得到真正美观的压凹凸印刷品。

五、压凹凸工艺的控制

压凹凸生产过程中应注意以下几个问题。

1. 对印张进行透、松的处理

印刷或经过上光的半成品，在堆压后容易出现粘连现象，为防止输纸出现双张或多张故障而压坏凹凸版，在进行凹凸压印时，要把纸叠（每叠厚度 2～3cm）用两手分别捏住纸的两角，大拇指压在纸叠的上面。食指和中指捏在纸叠下面。将纸叠往里边挤压挪动，使纸叠上紧下松，各印张之间产生一定的间隙，可透过空气使纸叠处于透、松的状态。

2. 清理凹凸版面中的杂质

在压印过程中，纸面涂料、纸粉和纸毛容易脱落下来，粘在印版的缝隙里，影响凹凸压印图文的质量效果。故生产中途应适时停机检查版面，并清理版纹隙中的杂质，以保证产品质量。

3. 检查印版是否损坏

由于石膏凸版质地较脆，长时间受压容易出现崩裂损坏、凹陷变形现象，使凹凸压力不足。所以，生产中要勤检查印版和压印质量，发现印版损坏和压力变异要及时纠正。对凹陷的石膏版可再铺一层石膏浆，并贴上一层纸保护版面。对压力稍微轻的石膏面对应部位直接加贴一层纸即可。

4. 检查压力变异情况

压力是质量控制的重要环节，凹凸版装准确后，应调整好机器的压力。调整压力应注意的是：压力切不可由重而轻进行，更不能一下子盲目加压，以免损坏印版。所以，调整压力正确的原则是由轻而重逐渐进行，直至达到凸纹轮廓清晰、具有明显的浮雕感为宜。生产中途要注意勤检查印品版面的压力情况，特别是刚开印的头一两千张的印品。压力变异较厉害时，检查的次数要多一些。若发现版面压力减轻现象，应采用适当厚度的纸张予以贴补加压。

第五节　压凹凸的常见故障与解决方法

压凹凸过程中，经常出现一些故障影响凹凸压印产品的质量，常见故障及处理方法有以下几方面。

1. 图文轮廓不清

产生故障的主要原因：

① 垫版不实，压力过轻；

② 石膏层分布不匀，石膏层厚度不够；

③ 压印机精度差，凹版与石膏凸版不密合，有位移；

④ 印数过多，石膏版压缩变形；

⑤ 纸张厚薄不均或双张、多张压印。

排除方法：

① 适当增大压力，调整垫版；

② 及时用石膏浆修补；

③ 调整机器密度和石膏版位置；

④ 定期对石膏凸版进行修补；

⑤ 杜绝双张，调换纸张。

2. 图文套印不准

图文套印不准是指压印凸出的图形与图文位置有误差，一般是以下原因造成的：

① 印版雕刻位置不准；

② 规矩位置不准确；

③ 同一版面由多块印版组合而成，图文分布多处，各个图文无法一一套准。

排除方法：

① 凹版图文小于印刷品可在印版上修正，印刷图文大于印刷品（误差小时）可在凸版上修正，使其与凹版相配合，以上方法不行时重新制版；

② 调节规矩的准确位置；

③ 将凹凸压印版分为两次压印，石膏凸版不同部位分两次铺压而成，减少印版之间的误差，改善压印效果。

3. 图文表面有斑点

凹凸压印的凹凸图文表面有斑点主要是石膏层和承印物表面有杂质所致。

产生故障的主要原因：

① 石膏粉或胶水含有杂质；

② 印版上黏附石膏屑及杂质。

排除方法：

① 调制石膏浆之前检查剔除杂质；

② 及时检查印版表面的清洁程度，随时清理印版。

4. 石膏凸版压印时破碎

产生故障的主要原因：

① 调石膏浆时胶水用量过少；

② 石膏粉质量不好，牢度及黏度不够；

③ 压印中突然增加压力；

④ 双张和印刷品表面粘有杂物；

⑤ 压印压力调整不合适。

排除方法：

① 适当增加胶水量；

② 选用高质量石膏粉；

③ 避免突然增加压力；

④ 避免双张及粘有杂物的印刷品输入；

⑤ 调整压印压力。

5. 纸张压破

产生故障的主要原因：

① 纸张质量问题；

② 印版边角过渡坡度大。

排除方法：

① 纸张不能太脆，纸张太脆容易压破；

② 印版图文的边角过渡尽量缓和一些，避免尖角、直角、锐尖。

6. 压印途中走版

产生故障的主要原因：

① 压力不均匀；

② 压版黏结牢固度不够；

③ 压印时间过长、印版过热、黏合剂层有熔融现象。

排除方法：

① 检查凸版平整度；

② 检查黏结牢固度或重新粘牢印版；

③ 停机、降低印版温度。

第六节　压花与压纹

一、压花

压花即压纹，是利用压力的作用在纸板等表面形成某种特殊花纹的加工工艺。在纸板、铝箔、纸或塑料、铝箔等复合材料上形成的任何压花花样都可产生两种基本的视觉效果，即立体感或具有近似其他某种材料的质地感。比如翻盒式香烟盒内的衬箔，就有一种类似布纹的质感。

压花加工多采用专门的压花机，通过连续辊压的形式完成，原理如图 6-6 所示。压花机一般由放卷装置、收卷装置、压花滚筒和纸辊或橡皮滚筒组成。压花滚筒用无缝钢管制成，表面用机械雕刻或化学腐蚀处理出各种花纹，如羊皮纹、牛皮纹、橘皮纹等。滚筒表面镀有铬层以防锈耐磨，滚筒内部通冷水使压制的花纹冷却定型，既可保证压花效果，又可保护橡胶滚筒。

橡皮滚筒由无缝钢管外包耐热橡胶制成。一般采用肖氏硬度85～90 的橡胶，滚筒表面要求平滑。使用一段时间，橡皮受热易发生膨胀，又因杂质混入而易引起凹凸不平，此时需要对不平表面进行磨修或车削加工。

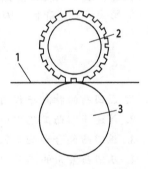

图 6-6　压花原理示意图
1—纸板；2—压花滚筒
3—橡皮滚筒

压花时，卷筒式或单张纸板、复合材料通过由雕刻（或腐蚀）出花纹的钢辊与软的纸基辊或与橡皮滚筒组成的辊压装置压出花纹。纸辊或橡皮滚筒的位置是固定的，利用钢辊的自重或加压将图案压入纸辊或橡皮滚筒，从而在材料表面形成与蚀刻钢辊相一致的花纹。

压花滚筒两端轴上装有丝杠提升机构，当需要调节压花滚筒与橡皮滚筒间的线压力时，可通过丝杠提升机构使压花滚筒向上或向下运动，以调整它与橡皮滚筒之间的缝隙，从而调整两滚筒对纸板的压力。

二、压纹纸

压纹纸又叫压花纸。压纹纸是采用机械压花或皱纸的方法，在纸或纸板的表面形成凹凸图案。压纹纸通过压花来提高它的装饰效果，使纸张更具质感。胶版纸、铜版纸、白纸板、白卡纸等彩色染色纸张在印刷前压花（纹）作为压花印刷纸可大大提高纸张的档次，也可给纸张的销售带来更高的附加值。许多用于软包装的纸张常采用印刷前或印刷后压纹的方法提高包装装潢的视觉效果，提高商品的价值。

压纹纸的加工方法有两种：一为纸张生产后，以机械方式增加图案，成为压纹纸；二为平张原纸干透后，放进压纹机进一步加工，然后经过两个滚轴的对压，其中一个滚轴刻有压纹图案，纸张经过后压印成纹。由于压纹纸的纹理较深，因此通常仅压印纸张的一面。

压花可以分为套版压花和不套版压花两种。所谓套版压花，就是按印花的花形把印成的花形压成凹凸形，使花纹鼓起来，可起美观装饰的作用。不套版压花，就是压成的花纹和印花的花形没有直接关系，这种压花花纹种类很多，如布纹、斜布纹、直条纹、橘皮纹、直网纹、针网纹、麻袋纹、格子纹等。不套版压花广泛用于压花印刷纸、涂布书皮纸、漆皮纸、塑料合成纸、植物羊皮纸以及其他装饰材料。

国产压纹纸大部分是由胶版纸和白纸板压成的。表面比较粗糙，有质感，表现力强，品种繁多。许多美术设计者都比较喜欢使用这类纸张，用此制作图书或画册的封面、扉页等来表达不同的个性。

三、折光压纹

折光压纹用于金箔画、金卡、佛卡等工艺礼品和名烟、酒、化妆品等包装上，效果奇特，细致动感，又可防伪。光的反射有镜面反射和漫反射两种，折光纸恰好利用了这个原理。正常扫描仪在扫描物品时是逐步读取原稿内容，原稿和扫描点是垂直的，通过投射或反射得到的明暗信息记录下原稿的层次和颜色。折光压纹运用线条不同的走向，将线条粗细、间距做成中心发散式、旋转式、波浪式等，将这些线条通过压力或化学作用制成金属版，压在金、银卡纸或其他材料上，在任何角度都反映出光放射的变幻产生层次的闪耀感或二维立体影像，光耀夺目，闪烁生辉。

复习思考题

1. 压凹凸的特点与作用是什么？
2. 简述压凹凸工艺中凹版与凸版的制作方法。
3. 压凹凸包含哪些工艺流程？
4. 压凹凸常用的工艺方法有哪些？
5. 常用的压凹凸设备有哪几种？比较各自的优缺点。
6. 压凹凸的常见故障及排除方法是什么？

第七章

糊 盒

第一节 概 述

糊盒是承印物经过模切压痕后，按纸盒成型要求在需要涂布黏合剂的位置涂上胶黏剂，再折叠并压合成型的工艺过程。

在纸盒加工环节活动中，糊盒通常是最后一个环节，其质量好坏直接影响最终成品率。

一、纸盒的分类方式

纸盒一般用纸板经折叠、粘贴或其他连接方式制成，主要用于产品的销售包装。纸盒的分类根据材料的使用特征、制作方式、形状、结构形式、包装对象不同而不同。

① 按纸盒的制作方式来分，有手工纸盒和机制纸盒。

② 按纸格的形状来分，有方形、圆形、扁形、多角形、异形纸盒。

③ 按包装对象来分，有食品、药品、化妆品、日用百货、文化用品、仪器仪表、化学药品包装纸盒。

④ 按材料特征来分，有平板纸盒、全粘合纸板盒、细瓦楞纸板盒、复合材料纸盒。

⑤ 按纸板的厚度来分，有薄纸板盒、厚纸板盒。

⑥ 按纸盒的结构及封口形式来分，有折叠式纸盒、摇盖式纸盒、卓盖（扣盖）式纸盒、抽屉式纸盒、包折式纸盒和压盖式纸盒。

⑦ 按运输方式来分，有折叠纸盒和固定纸盒两种。

二、糊盒机的类型

糊盒主要有两种方式，即传统的手工糊盒和使用自动糊盒机糊盒。与传统的手工糊盒相比，自动糊盒机具有操作简便、黏结牢固、卫生高效、质量稳定、计数准确等优点，是现代印后加工的主要方式。

根据糊盒机自动化程度的不同，糊盒机可分为半自动糊盒机与全自动糊盒机。

1. 半自动糊盒机

半自动糊盒机主要应用于大型的包装盒和瓦楞纸箱以及其他全自动糊盒机不能糊制的纸盒。半自动糊盒机结构简单，设备外型较大、结实、可靠，使用和调试容易。使用频率高，几乎所有盒子都可以在半自动糊盒机上制作。工作流程为：自动进纸→磨边→涂胶→经皮带送出→人工折叠成型。再由一侧的气压压台定型（单边配有 6 个工位）。用机器糊制的纸盒外表美观，粘口坚固，又省胶，其产量取决于工人的熟练程度。

2. 全自动糊盒机

全自动糊盒机通常有三种类型。

（1）普通型糊盒机

具备最基本的两边折叠和两边边贴功能，这种糊盒机占市场比例最高，适用范围最广，是代替手工糊盒最基本的糊盒设备。

（2）预折的糊盒机

普通纸盒基本上是方型（即四条边），普通型糊盒机和手工糊盒只能折两条边。另外两条边只有压痕却没有折过，因此打开纸盒不太容易。经过预折的纸盒容易打开，自动装货包装机尤其是药盒基本上都采用预折糊盒机。

（3）锁底的糊盒机

这类糊盒机结构复杂，调试难度高。它不但具备以上两种类型糊盒机的功能，而且还可以对盒子的底部进行折叠和粘贴，这种盒子在使用时容易打开。盒子底部已粘好，不用人工再插底，这种盒子俗称为锁底盒。

一般高档的包装盒（如化妆品盒）均采用锁底结构。锁底糊盒设备价格较高。

三、糊盒的应用与发展

在机制纸盒中，大装置属于折叠纸盒。它是一种韧性薄纸板盒，经印刷、模切压痕、黏合而成。其最大特点是：以折叠状盒片储存、运输，因而大大节省了仓储空间和运费；适合于自动包装，使用时可在自动包装机上完成打并、成形、装填、封口等工序；便于销售和陈列，适用于各种印刷方法，有利于商品的宣传和推销；易于加工，成本低廉，通过排刀、模切压痕、折叠、黏合等工序较容易把纸板加工成所需要的各种形状的纸盒，其加工成本要比金属、玻璃、塑料便宜得多；能起到固定商品、保护商品的作用。

一些老式的糊盒机只能糊制一些简单的折叠纸盒，如直线盒、锁底盒等。随着技术的进步，糊盒设备也得到了很大的发展，具体表现在以下几方面。

1. 盒型适应性方面

可以满足生产商对复杂盒型的加工要求，能适应的盒型更加多样化，如四角盒、六角盒和异型盒等。

2. 稳定性方面

稳定性显著提高，故障率降低，提高生产效率。

3. 糊盒速度方面

一些新型的自动糊盒机正常生产速度已经可以达到 450m/min 或 500m/min，最高甚至可以达到 650m/min，远远超过原本 100m/min 左右的速度。

4. 自动化程度方面

现在大装置自动糊盒机的自动化程度越高，对操作人员的依赖性就越低，同时还可提高生产效率，降低操作人员的劳动强度。同时，自动糊盒机在操作性方面将越来越趋于人性化，体现"以人为本"的设计理念。

5. 使用寿命方面

随着自动糊盒机运用材料和加工工艺的改进，其使用寿命也显著增长。

第二节 糊 盒 胶 水

糊盒胶又名封口胶、粘盒胶等，属于精细化工产品。主要用于印刷行业印后加工制作工序中，如精品盒裱糊，纸盒、手提袋的封口，自动糊盒机自动粘盒，精装书书壳裱等。

一、糊盒胶水的组成

按照各个厂家生产工艺不同，糊盒胶水成分也不尽相同。糊盒胶水是糊口形成黏结的主要材料，是影响糊盒牢度的最主要因素。

糊盒胶水主要由胶料、溶剂、增塑剂和填料组成。

1. 胶料

含有—CO—、—Cl、—CONH—、—COOC—、—NHCOO—等极性基团的物质都是理想的胶料。一般来说，胶料的分子量不能太大，但也不能太小，且分子量的分布范围要稍微宽一些。

2. 溶剂

糊盒胶水的溶剂是形成机械投锚作用的主要物质。其对纸张的渗透性、侵蚀性要适中。

3. 增塑剂

增塑剂可以改变糊盒后胶水的可塑性，提高糊盒胶水中胶料的扩散能力，有助于提高胶水的剪切应力，从而提高糊盒牢度。

4. 填料

填料可以调节糊盒胶水的固液比例，从而控制胶水溶剂的渗透能力。

二、糊盒胶水的分类

糊盒胶水分类方式有很多：

按使用溶剂分类，可以分为油性、醇溶性、水性三种，也有将水油两种溶剂结合制作的糊盒胶；

按用途分类，可以分为手工糊盒胶、机用（自动糊盒机）糊盒胶两种；

按照黏结界面的不同，则可分为纸粘纸糊盒胶，纸粘 BOPP、PVC、PET 等塑料薄膜类糊盒胶，纸粘 UV 光油、水性光油、油性光油糊盒胶。

三、糊盒胶水的选择

糊盒工艺中胶水的选择非常重要，正确选择糊盒胶水要从几个方面考虑。

1. 根据瓦楞彩盒面纸表面处理方式的不同选用不同的胶水

在糊盒之前首先要弄清糊口表面是否采用上光、覆膜等表面处理手段，并根据不同的上光、覆膜材料选择合适的糊盒胶水。

2. 考虑胶水的开放时间和固化时间

这主要和糊盒速度有关，糊盒速度越快，就需要选择开放时间和固化时间越短的胶水。一般来说，能使用快干型胶黏剂的产品就不要选择慢干型胶黏剂，以利于及时发现问题，尽快解决。

3. 考虑糊盒车间的工作环境

车间环境的温度、湿度对胶水的渗透干燥有着很大的影响。过高的温度会加速糊盒胶水的干燥，使其渗透不完全，干固后胶层容易发脆，也容易发生氧化、老化变质而失效，不利于糊盒牢度的提高；温度过低，则会导致干燥不良、胶料扩散差等问题。工作环境的相对湿度与胶水的要求不匹配时糊盒胶水中的水分与外界就存在一定量的交换，当交换量较大时就破坏了胶水本来的固液比例，从而影响糊盒牢度。根据糊盒胶水的要求。一般糊盒工作环境的温度应控制在 $15\sim35℃$，相对湿度控制在 $25\%\sim85\%$。

4. 考虑盒子的使用环境

根据纸盒使用的特殊环境选择一些特殊的糊盒胶水，像耐高温或者耐低温胶水等。一般而言，在极低温环境中所使用的纸盒，往往采用耐低温的热熔胶进行糊盒。

5. 考虑喷枪控制系统的性能

带加热装置的喷枪系统就可以使用热熔胶，而普通系统一般采用水性胶水。

总之，糊盒胶水的选择需要"分而治之"，贸然选用"万能胶"往往会带来许多不必要的损失。

四、糊盒产品上胶部位的表面预处理

为了防止纸盒的表面划伤，提高防水能力或提高产品档次等，一般会在印品表面上光或覆膜。UV上光时，因UV光油与纸张的亲和力较差，经常会造成糊盒或糊箱时出现开胶现象。覆膜时，因薄膜的表面张力及表面能会在不同环境下有不同的值，再加上不同品牌胶黏剂的黏结力不同，经常出现开胶现象。

为有效避免开胶现象，一般要对纸盒的糊口部位在上胶前进行表面预处理，用以提高糊口表面的自由能，增加胶黏剂对其表面的黏附能力和润湿能力，从而提高成品纸盒糊口处的牢度。

糊口部位表面处理的方法主要有糊口磨边技术和低温离子烫技术。

1. 糊口磨边技术

磨边（设备如图7-1所示）适用于经过UV上光和覆膜的纸盒，将黏合部位的光油和薄膜打磨干净，使用普通糊盒胶水就可以黏合，可为企业节约大量成本。

图 7-1　磨边机

在磨边过程中应注意以下事项。

① 磨边的位置要恰好是涂胶的位置，这个位置应在粘口上离折痕线1～2mm处。

② 磨边时应将纸板表面的涂层稍稍磨破，但不能磨得太深，以免痕迹过于粗糙，不利于涂胶。

③ 在磨边部位应加装纸粉、纸毛的收集装置，因为磨边产生的纸粉、纸毛会导致纸盒表面不平整，影响糊盒质量。

2. 低温离子烫技术

虽然采用磨边方式不会增加费用，还能有效提高纸盒糊口处的黏结性能，但是打磨时产生的纸毛、纸粉会对机器周边的环境造成污染，加大设备的磨损。并且，因磨轮运动的线速度方向与产品运行方向相反，势必对产品的生产速度造成影响，降低生产效率。

低温离子烫技术（设备如图 7-2 所示）能够很好地解决上述问题。利用离子烫技术对糊口装置进行处理，能够去除糊口表面的有机污染物，并能对其进行深度清洁立体印刷，使糊口表面发生多种物理和化学变化，如产生刻蚀而变得粗糙、形成致密的交联层、引入含氧极性基团等，使糊口部位的亲水性、黏结性、可染色性、生物相容性及电性能均得到改善。在适宜的工艺条件下使用这种技术处理承印物表面后，承印物表面会变得有一定极性、易黏性和亲水性，提高贴合面的表面能量，而且不对表面产生任何损伤，不会造成覆膜或镀层脱落。

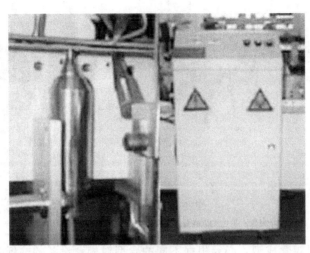

图 7-2　低温离子烫设备

将离子烫技术应用在糊盒工艺后，直接产生的益处有：产品不开胶；糊盒成本大大降低，有条件的情况下可直接使用普通胶黏剂；直接消除纸粉、纸毛对环境及设备的影响；提高工作效率等。

五、糊盒胶水黏结性能的检验方法

一般情况下，一批成品的包装纸盒并非是马上就会被使用，有时会库存几个月乃至一年。因此一种胶黏剂的抗冷热性能以及耐老化性能的好坏就显得十分重要。例如有些包装盒在做好的短时间内黏结效果很好，而放一段时间以后就出现了脱胶、胶膜发脆等现象。通常，从以下 4 个方面的检验来确定胶水的黏结性能。

① 把一个黏结好的包装盒沿边缝撕开，观察是不是被黏结基材撕烂，同时用指甲刮附着在膜上的纸基，如果每次只能撕下一小块纸基或根本就刮不下纸基，表明该胶黏剂在膜上的附着性好。塑（塑封）口胶由于两被粘面是塑料薄膜，因薄膜有很强的柔韧性，故不能被破坏，所以在检验时能感觉到两被粘面有很强的黏力即可。

② 将黏结好的包装盒（至少已经放置了一天）放于 60℃ 的恒温烘箱内烘烤 72h 拿出来，冷却以后边缝或底口不弹开，同时双手拍包装盒不脱胶，胶膜不发脆，表明该胶黏剂的耐热性能没有问题。

③ 将黏结好的包装盒（至少已经放置了一天）放于冰箱急冻室中冷冻 72h 拿出来，待盒水分干后用手拍包装盒不脱胶，胶膜不发脆，表明该糊盒胶水的耐低温性能没有问题。

④ 将前面三种都通过了的糊盒胶水所黏合的产品保存一些样品，每隔半个月检验一个包装盒，双手拍不脱胶，胶膜不发脆，持续检验半年都没有问题，表明该封口胶可以放心使用。

第三节　糊盒设备的调整

自动糊盒机（如图7-3所示）是使用最为广泛的现代糊盒设备，它主要由输纸、预折、上胶、折叠、加压弹出、压实收集装置组成。整台动力由一台或多台无级调速电机提供。

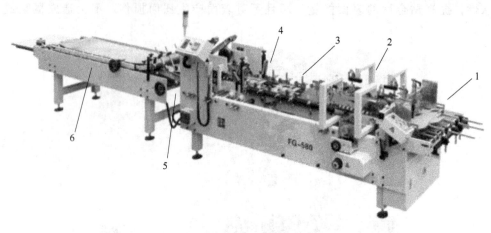

图 7-3　自动糊盒机

1—输纸装置；2—预折装置；3—上胶装置；4—折叠装置；5—加压弹出装置；6—压实收集装置

为了将纸盒坯料糊盒成型，必须根据不同的盒型对糊盒设备的输纸装置、预折装置、上胶装置、折叠装置、加压弹出装置和压实收集装置进行合理调整。

一、输纸装置

输纸装置是将纸堆上的料一张一张地分开，传递到预折装置。输纸采用下送式连续抽纸的方式，输纸皮带和主传送皮带的速差可由变速器进行调节。输盒是通过传动机构上的电磁离合器与制动器进行的，离合器在输盒按钮板上和遥控器按钮板上及触摸屏上均有控制键。输盒按钮板上按钮可完成输纸、主机开启、停止、加速、减速等功能。

图 7-4　糊盒机的输纸装置

1—主前规；2—副前规；3—侧挡板；
4—纸堆后挡板；5—输纸皮带

糊盒机的输纸装置如图7-4所示，对输纸装置的调节主要是对主前规、副前规、侧挡板、纸堆后挡板、输纸皮带、输送带压轮等部位和输纸速度的调节。

1. 主前规

主前规一定要放在某条输纸皮带上，再按照盒纸板确定主前规位置，而且要遵守下面的原则：

① 尽可能把主前规放在第一条折痕线和第三条折痕线之间；

② 尽可能使主前规自动靠近盒纸板中间；

③ 主前规尽可能放在最长的前纸板对面；

④ 主前规尽可能放在最宽的前纸板对面。

主前规高度要按照纸板厚度调节，一般略低于一张纸板厚度，在受压情况下保证纸板能自由通过，但不能有空隙，并使用电子双张检测系统严格控制双张出现。

2. 副前规

副前规的作用是进一步在前面托住纸堆，防止由于侧挡板之间存在间隙而使纸堆倒下。前规高度一般为纸板厚度的 3 倍（纸板比例一致时）。如果纸板比例不一，应和主前规一样，把副前规的高度调到和纸板厚度相当。

3. 侧挡板

在调节侧挡板时，应避免使纸板在两块侧挡板之间太挤，一般要留出 1～2mm 的间隙。所留间隙是否合适，可用一叠纸板进行试验。

4. 纸堆后挡板

纸堆后挡板的作用是使纸堆稍微倾斜，以便于给纸。一般来说，盒片前低后高，与皮带成 20°～30°的倾斜，纸板越厚倾斜角度越小。

5. 输纸皮带

输纸皮带的张力应均匀相等，并张紧到使皮带不能在传动轴上滑动，同时按照盒型尺寸使用尽可能多的皮带，以增加纸盒输送过程的平稳性。

6. 输送带压轮

输送带压轮可使纸板靠着侧挡板对齐，以保证纸板侧边的正确位置。如果纸板没有对齐，则压轮与输纸方向平行纸板靠左边对齐，压轮方向朝左、纸板靠右边对齐，左纸轮方向朝右。如果可能，压轮要同预折输纸带对齐。

7. 输纸速度

糊盒机的给纸速度采用无级变速器调节，调节的结果是使每张纸板之间的间距发生变化，注意不要在停机时使用无级变速器。

整个输纸部位调整完成后，就可以把纸盒坯料加入。在这个过程中，还应该注意以下几个方面。

① 调节纸板平度。若纸板前端上翘，应手工弯一下，尽可能使之恢复平整，再放入输纸部位。

② 保持纸堆高度。纸堆高度太低，会导致下面的纸板受到的压力不够，摩擦力不足。应使纸堆保持一定的高度。

③ 保持输纸皮带清洁。盒片上的纸粉和印刷时的喷粉粘在橡胶输纸皮带上，越聚越多，会导致输纸困难。对此，应经常用湿抹布擦洗输纸皮带，及时去除纸毛、纸粉和喷粉等。

二、预折装置

预折装置是根据压痕线将纸盒弯曲 150°左右，再返回到原来的形状，主要是为了糊盒时不会出错，折叠纸盒糊盒压折以后能容易打开。预折装置可安装预折附件，特长的预折装置和与之匹配的附件均是经过特别设计的，目的是减小调机和产品转换时间。

糊盒机的预折装置如图 7-5 所示，对预折装置的调节主要是对预折器、上部输送带和锁底部等部位的调节。

（一）预折器

预折导向板的高度按纸板的厚度来调节，导向板不应使纸板速度减缓，必须使折缝能按要求折得服帖。

图 7-5　糊盒机的预折装置
1—预折器；2—上部输送带

（二）上部输送带

压轮导轨的压力根据纸板输送情况来调节，调到能顺利输送纸板而不影响连接杆为佳，纸板入口处压轮的高度也是按照纸板输送情况调节。

如果糊制的是锁底盒（如图 7-6 所示）时，在预折之后需要安装钩底部件，从而在产品上同时完成预折和钩底。锁底盒与边贴盒相比，多了对盒底的钩起、压折、涂胶环节，这些环节由机器的锁底部来完成。

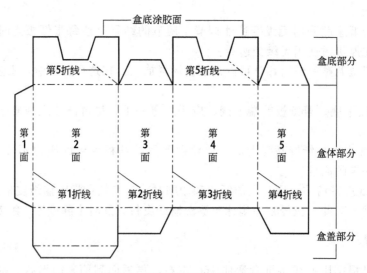

图 7-6　待糊制锁底盒的盒坯图

（三）锁底部

1. 锁底部的组成

糊盒机的锁底部主要由锁底钩组件、弯纸板和压纸杆件三装置组成。

（1）锁底钩组件

锁底钩组件是锁底部最重要的一个组件（结构如图 7-7 所示），它由手柄、支板、锁底钩等组成。其中，锁底钩由支板将其固定到指定位置，调节相应的螺钉即可调整锁底钩的高度、角度及挡片的位置。螺母的作用是将调节好的手柄缩紧，通过旋转手柄可以调节锁底钩的弹力大小标签，以适应不同定量的纸盒。此外，由于锁底盒尺寸和纸板厚度的不同，锁底钩的外伸长度、倾斜角度与安装高度也都不同。锁底钩的外伸长度一般为纸盒底长的 1.2～1.5 倍，斜角为 30°～60°，折角处应比锁底盒高出 2～3mm，总体原则是既保证纸板通过时能被锁底钩钩起向内折叠，又要使纸板在经过一定的时间和距离后安全脱钩。

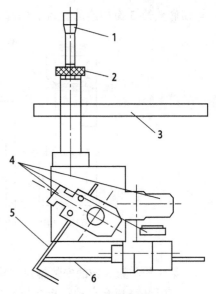

图 7-7 锁底钩组件
1—手柄；2—螺母；3—支板；
4—螺钉；5—锁底钩；6—挡片

有时为防止纸板底部被勾起折叠时纸板过度弯曲，要在锁底钩下安装挡片，这样可使钩起的锁底盒底部棱角清晰、质量好。挡片一般安装在锁底钩折角上方1mm处。

（2）弯纸板

弯纸板与锁底钩组件配合使用。当锁底钩组件将锁底盒底部钩起后，弯纸板即将锁底盒盒底涂胶的装置沿第 5 折线向外压折。纸板通过弯纸板后再上胶，然后被压纸杆件压牢后进入折叠装置。

（3）压纸杆件

压纸杆件在锁底操作中的作用不可小觑。只有使用专用的压纸杆件，才能使折叠好的锁底盒底部不回弹，能顺利地进入折叠装置，完成锁底盒的糊制工作。

纸盒的锁底操作主要是靠调节锁底部组件的相对位置及其他各个参数，并通过它们的合理配合来完成。

2. 锁底部的安装位置

首先需要确定锁底部 3 排皮带的位置。操作侧的皮带压在锁底盒的第 1 面，但不能压过第 1 折线，否则会影响盒底的钩起。中间的皮带压在锁底盒的第 3 面上靠近第 3 折线处，且不能与第 3 面处的锁底钩位置重合。传动侧的皮带压在锁底盒第 5 面的中间位置（如图 7-8 所示）。

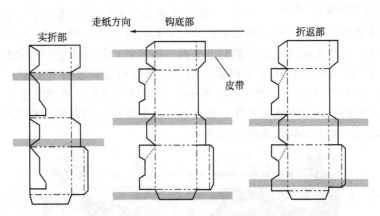

图 7-8 锁底部线带示意图

安装的锁底钩组件共有 4 组。第 1 钩安装在机器锁底部靠近实折部端、上糊筒支架的横梁中部，负责钩起与锁底盒第 3 面相连的底舌。第 2 钩（共 2 组）安装在锁底支架上，位置在上糊筒的预折部侧，与弯纸板配合使用。第 3 钩安装在实折部靠近锁底部的传动侧，完成与锁底盒第 5 面相连的底舌的钩起。4 组锁底钩组件安装示意图如图 7-9 所示。

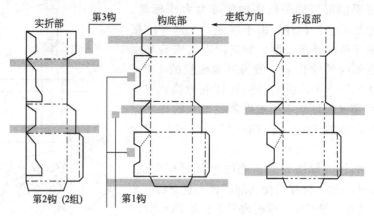

图 7-9　锁底钩组件安装示意图

第 1 钩与第 3 钩的安装相对较简单。第 2 钩有 2 组锁底钩组件，还需要与弯纸板配合使用。550FB 高速全自动糊折盒机配置了 4 套锁底钩组件、4 件弯纸板折页，除了按图 7-9 要求正确铺放纸板和安装锁底钩组件以外，还需按图 7-10 所示正确安装弯纸板。在铺放纸板和安装锁底钩组件时，尤其要注意上压纸带与锁底钩组件不要占用上胶轮的位置，避免出现锁底盒盒底涂胶面无法涂胶的问题。

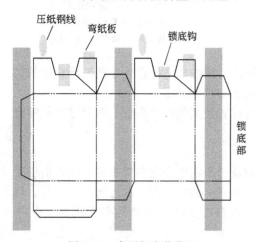

图 7-10　弯纸板安装位置

3. 锁底部的调节要求

第 1 钩和第 3 钩的调节标准是：其水平方向的位置在锁底盒中与第 3 面和第 5 面相连底舌的中间位置；高度方向的位置根据锁底钩的折角来判定，应高于纸盒 2～3mm。第 2 钩有 2 组锁底钩附件，其调节标准相同。高度方向的位置是锁底钩的折角应高于纸盒 2～3mm，水平方向的位置调整至锁底盒的第 2 面和第 4 面中间。根据纸盒大小选择宽或窄的弯纸板，先将弯纸板调节好，其高度应高出锁底盒 2～3mm，水平位置为弯纸板压过锁底盒的盒底涂胶面右侧的 2/3 处。按弯纸板所在位置调整锁底钩组件与弯纸板之间距离，当锁底钩组件将纸盒底部钩起后，弯纸板应立即将锁底盒盒底涂胶面向外压折，二者配合，如图 7-11 所示。同时还应调整下托纸板的位置，使锁底盒在钩底时能得到有力的支撑，还应安装好专用压纸杆件，使已被折好的纸板不致因离开锁底钩和弯纸板后回弹，通过上胶轮或喷射上胶后顺利送入折叠装置。

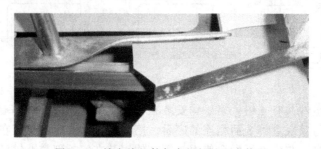

图 7-11　锁底钩组件与弯纸板的配合使用

当所有的钩底附件都调整到位后，如果需要使用上胶锅上胶，则通过转动手轮使上胶筒下降，直到上糊轮与纸板糊口接触为止。根据纸张厚度及纸板弹力，上糊轮的位置应略低于或略高于纸板糊口（偏差±0.5mm），这样可以保证上胶和走纸顺利。

锁底部操作需要在较短的时间内连续完成纸盒底部钩起、压折、涂胶、压紧等一系列动作。所以机器的速度应较慢，大约是边贴盒机器工作速度的40%～60%，同时也可以防止速度过快撕坏锁底盒。

三、上胶装置

上胶装置是通过胶轮或喷胶装置给纸盒黏合部上胶完成黏合。上胶装置既可以采用机械滚轮式，也可以选用电子喷胶装置。折叠纸盒糊盒生产中，上胶过程直接影响到产品质量、生产效率和生产成本，是一道重要的工序。

1. 胶轮涂布

胶轮涂布是通过胶轮的运动将胶从胶锅里带出，再通过胶轮与盒片的接触完成胶的转移。它对盒片上的连续上胶装置（如粘贴襟片）进行上胶，胶水多采用化学乳胶和淀粉胶。其中，化学乳胶一般采用水型，多用于卡纸折叠纸盒。淀粉胶黏结效果不显著，多用于瓦楞纸箱。

根据胶黏剂转移的位置不同，胶轮涂布分为上胶锅上胶和下胶锅上胶两种。

如图7-12所示，下胶锅上胶装置主要由胶轮、胶锅、压轮、胶量调节器和引导杆组成。其中，胶轮为3mm或5mm厚的金属叶轮，根据不同上胶要求选择不同厚度的胶轮，3mm厚的胶轮用于常见的盒型，5mm厚的胶轮用于需求胶量多的黏合盒片。胶锅用于储存和补给胶量，通常由锅和胶瓶构成。压轮可根据盒片的厚度调节其压力，保证上胶量。胶量调节器是通过一个刮刀刮去胶轮上多余的胶量，可以调节其与轮片的距离和间隙。引导杆的作用是引导盒片与胶轮接触，其高度可以根据盒片的厚薄来调节。此外，某些糊盒机的下胶锅还装有气刀切割器，其可以通过调节气量大小来切割胶的连接，让胶黏合时不出现粘连和拖尾，提高糊盒的质量。

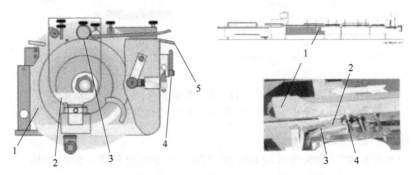

图 7-12　下胶锅上胶装置

1—胶轮；2—胶锅；3—压轮；4—胶量调节器；5—引导杆

如图7-13所示，上胶锅上胶装置由胶轮、压辊、固定架、胶锅、胶量调节器和引导杆组成。上胶锅上胶装置各部件的功能与下胶锅上胶装置的原理相同。在使用胶轮涂布的上胶方式时应注意：

① 胶的黏度，通常使用低浓度的胶体；

② 较长时间不用时胶体要清除，防止干燥；

③ 清洗时用温水，为防止生锈清洗后应多用黄油涂抹。

在糊制上光、覆膜纸板或者各种塑料片材的产品时，在上胶之前必须对糊口表面进行预处理，以提高糊口处的牢度。

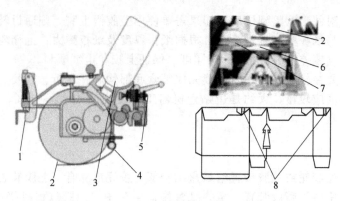

图 7-13 上胶锅上胶装置

1—固定架；2—胶轮；3—胶锅；4—引导杆；5—胶量调节器；6—压辊；7—盒片；8—上胶位置

2. 胶枪喷胶

胶枪喷胶是在可编程控制器控制下，在压缩空气的作用下将胶体从胶枪口呈条状喷射出来，按预先设定的喷胶模式及喷射长度实施连续或间断喷胶。多采用热熔胶，也可使用冷胶，是对盒片非连续地间接上胶。

图 7-14 中胶枪喷胶设备由控制器、胶枪和胶液分布器构成。

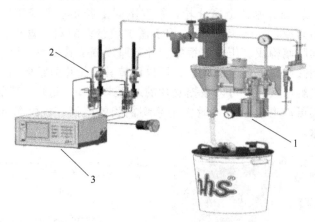

图 7-14 胶枪喷胶设备

1—胶液分布器；2—胶枪；3—控制器

（1）胶液分布器

根据使用的胶的类型分为热熔胶和冷胶两种。冷胶主要形成一定的胶压力，完成胶的喷射转移。选用热熔胶时，设备加热产生一定的温度让热熔胶熔化，成为液体后再通过胶压力完成胶的喷射转移。喷胶的方式有喷线和喷点两种。

（2）胶枪

胶枪上有喷枪头、精准度调节键、清洗键。喷胶设备通过喷枪来控制胶的大小和胶的长短。胶量的调节主要是通过调节其堵塞孔的位置来完成，就相当于一个楔型孔，通过调节孔的大小来控制；喷胶的开始和结束由电子控制器控制电子阀门来完成。

（3）控制器

控制器是一个集成控制块，将获得的信号改变成控制信号来控制电子阀门的运动。根据要求在操作屏幕（如图 7-15 所示）中输入对应的数据即可。根据所糊的盒型按照要求来填写对应的胶的位置、长短和频率。

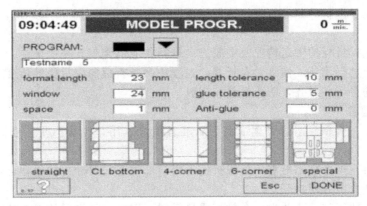

图 7-15 控制器操作屏幕

一般来说，在折叠纸盒的粘贴襟片上都印刷有专用条码，喷胶信号是通过条码识别来获取的。

条码识别根据不同需要有不同的运用，有色彩识别电眼、RFID 标签电眼、识别塑料窗电眼。电眼可用来检测空白处和长短是否吻合，彩色条码电眼可识别颜色的差异，在条码后方的三角形可用来检测条码的正确位置。

在医药用折叠纸盒糊盒时，采用的条码是医药专用彩色条码，这种医药条码在速度大于 600m/min 时还可稳定可靠地识别，专用于纸盒加工业。光束不移动，条码随纸盒移动，电眼检测空白处和长短与样盒条码是否吻合、颜色是否与样盒条码吻合，在条码后方的黑色三角形用来检测条码在纸盒粘贴襟片上的位置是否准确。通过以上这些信号的获取和检测，判断其是否与样盒一致。

糊制不同的盒型时，上胶方式也是不一样的。有时候单独使用胶轮涂布，有时候则与胶枪喷胶结合使用，单独使用只用于直线盒，结合使用可用于自锁底式三点盒及盘式折叠纸盒四点、六点盒以及更复杂的盒型。胶轮涂布采用淀粉胶和化学乳胶，只对侧粘贴襟片进行整体上胶；胶枪喷胶可采用化学乳胶及热熔胶，既可对侧粘贴襟片上胶，也可对底粘贴襟片上胶，还可通过控制器进行局部上胶。

四、折叠装置

折叠装置（如图 7-16 所示）是将第 2 和第 4 折痕完成折叠，同时将上完胶的糊口完成糊盒功能。折叠装置上部运送器为可调整压力的上输送装置，可以轻易提起，皮带容易更换，而且折叠部配备可拆卸的中间输送组，方便小纸盒的折叠。折叠器长度经过准确计算可以精确地进行，能处理各种形式的包装盒。

图 7-16 糊盒机折叠装置

折叠装置主要由折叠器和折叠变速器组成。

1. 折叠器

折叠器要根据纸板的输送情况及上胶方向进行相应的调节。一般来说，主要是对折叠皮带和压轮的配合进行调节，使纸盒在折叠的过程中两条折痕向内折叠的角度变化平稳，同时注意折痕部位的平行和对齐，防止粘斜和露胶。

2. 折叠变速器

在折叠阶段，折叠变速器对盒纸板的对准有很大作用，注意不要在停机时使用折叠变速器。

折叠完成后，纸盒应当沿着折痕线折拢，糊口部位正好对准并初步黏合，但折痕线不能被压死，以防纸盒不方便打开。

折叠机构的按钮箱上还装有一个触摸式显示屏，用以显示机器的工作状态，例如纸张计数显示、机器转速显示。显示屏还用来进行参数设置，如收盒离合器时间及开关设置等。显示屏另一功能是机器的故障显示，机器有故障时显示屏将显示故障原因、解决方法等内容，可以进行人机对话。

五、加压弹出装置

加压弹出装置（如图 7-17 所示）的作用是把折好的纸盒折缝压实，采用光电计数器自动计数，并将不合格的产品剔除，最后加速弹射到压实装置。

图 7-17　糊盒机加压弹出装置
1—送料皮带；2—接料皮带

糊盒机的这个装置主要是对以下几个关键部位进行调节。

1. 侧边位置

皮带侧边位置应该尽量靠近纸盒外边缘，加工小盒时只用一只加压装置即可，而加工大盒则要用两只加压装置。

2. 调节点

每个加压装置在每个入口和出口处都有一只压轮，它的压力盒高度可以根据折好的纸盒调节。

3. 送料皮带

送料皮带要让开糊口，避免胶水铺开造成盒子假粘；同时，加压小轮子要受力在下皮带上；而送料皮带的尽头在不擦伤盒子的情况下，要尽量压低。

4. 接料皮带

左边的接料皮带尽量压紧盒子，右边的接料皮带要适当抬高，两根接料皮带距离需要适当放开。

5. 弹射器

按照纸盒后部的轮廓来调节下部弹射器的长度，纸盒应同时离开两只下部弹射器，上部弹射器永远保证长度相等。

6. 光电计数器

光电计数器（如图 7-18 所示）应该放置在盒面的中间，每过一盒亮一次红灯为准确状态。同时，调节由光电计数器控制的弹射计数器的弹力，使弹出的记号盒与正常走的盒相差 5～10mm，若弹出距离太大则容易引起纸盒脱胶。

图 7-18　光电计数器

六、压实收集装置

压实收集装置（如图 7-19 所示）在机械上是独立的装置，但动力仍由主电机提供，也有装置机型的压实收集装置由单独电机拖动。在糊盒机的这一段内，糊好的纸盒以一定的压力夹在上下输送带中间，同输送带一起移动完成收料。输送带运动速度要适中，要让纸盒停在其中一定的时间，让黏合更加牢固。

图 7-19　糊盒机压实收集装置

收盒是通过 PLC 变频调速对纸盒运动的速度自动控制。同时在触摸屏有控制键，并可设定开启时的时间，收盒按钮板上按钮可完成主机开启、停止等功能。

根据不同的盒型，将压力表调到规定的值。为了使纸盒糊口处黏结牢固，可以采用分段施压、压力逐步增大的方法。若锁底盒的长糊口处黏结牢度仍然不理想，则应在糊口上方另加压力小皮带，以进一步增大压力，提高糊盒质量。

第四节　糊盒工艺过程与控制

一、糊盒工艺流程

一般情况下，糊盒的工艺流程为：

输送纸盒料→预折→涂布黏合剂→折盒→粘盒→计数→压合→收盒

纸盒经过模切压痕后，送入糊盒机，纸盒的第 1、3 号折痕在糊盒机的预折装置被折弯，复位后在糊口部位涂上糊盒胶水，进入本折部位将2、4号折痕折叠，经过皮带加压，计数后输出，完成糊盒。如图7-20所示。

启动电源，整条传送带开始传动，将模切好的纸盒坯料放入糊盒机的给纸部位，由传送带将单张盒片送入糊盒机的工作装置，糊口经表面处理后上胶，最后送入成型部位加压打包。

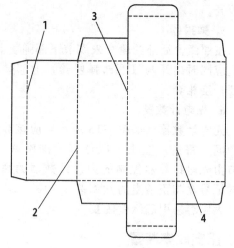

图 7-20　盒形图
1—1号折痕；2—2号折痕；3—3号折痕；4—4号折痕

二、糊盒机的总体操作要求

① 准备。正确、整齐地堆装好纸盒坯料；开机慢速试机，看皮带及其他各部件运转是否正常；根据纸盒坯料黏结部位宽度调节好胶水的用量。

② 过程。根据产品要求做好调整工作；发现压痕线有问题立即停机和有关部门联系；慢机转动正常后方可加速，如遇锁底的盒子必须正确安装锁底钩子；根据产品结构调节盒子的成型压力。

③ 结束。调好日报表；整理好周围场地，整齐纸堆，关闭总电源。

④ 安全操作。接班前认真检查机件及安全防护装置有无异常情况；防护装置不准随便拆除，若修理时拆除防护装置，待正常生产时必须装好；机器开动时，不得手摸任何活动部件。

三、糊盒机的保养要求

① 糊盒机的各装置皮带表面要定期擦洗，保持干净，并查看松紧是否合适、有无损伤等。

② 各个轴承定期用黄油润滑，而传动杆则定期用机油润滑。

③ 更换胶水或长时间停机时，胶盘要清洗干净，内表面抹上黄油；电子喷胶器的喷胶管路也要定期清洗，喷头部位涂上黄油。

④ 使用磨边机时，要定期把粉尘清洗干净，并对其轴承润滑。

⑤ 糊盒过程中，要经常擦洗光电计数器电眼上的有机玻璃，不得使用香蕉水清洗。

⑥ 定期检查糊盒机的气路，保持气泵气路通畅。

四、糊盒速度和压力的控制

糊盒机正常生产速度可以达到450m/min或500m/min，最高甚至可以达到650m/min。这主要跟纸盒的形状和糊盒的难易程度有关。一般来说，幅面较大的盒胚在糊制过程中速度要慢一点。需要钩底的盒型也要控制糊盒速度，最高速度一般不能超过300m/min。

糊盒压力的调节主要是对输纸皮带和加压皮带压力的调节。

1. 输纸皮带压力的调节

糊盒机的输纸机构是采用下部皮带转动摩擦式输纸，因此，输纸皮带压力的调节十分重要。通常情况下，通过调节上下皮带的间隙实现压力的控制。在糊盒过程中，糊盒机输纸皮带压力的大小应当适中、均匀，能够压紧纸盒，且多条输纸皮带压力一致为宜，能保证纸盒在传送过程中不滑移、不歪斜，且不划伤纸盒表面的印刷面。

2. 加压皮带压力的调节

在纸盒上胶并折叠后，纸盒糊口完成初步黏合，就要进入加压装置对糊口进行进一步施压，以完成整个糊盒过程。在这一过程中，可以根据不同的盒型，将控制加压皮带的压力表调到规定的值。为了使纸盒糊口处黏结牢固，可以采用分段施压、压力逐步增大的方法。若锁底盒的长糊口处黏结牢度仍然不理想，则应在糊口上方另加压力小皮带，以进一步增大压力，提高糊盒质量。合理的压力应在能够压出所需的折痕的同时不压死压痕线为宜，同时使纸盒糊口部位压合后不脱胶，且胶水不外溢。

当然，糊盒速度和压力的调节还与纸盒的材料、糊盒胶水以及纸盒表面印刷及印后加工状况有关，应该综合考虑各个方面的因素，糊制出高质量的纸盒。

五、糊口上胶量的调节与控制

折叠纸盒糊盒生产中，上胶过程直接影响到最终的产品质量，其中最主要的是对上胶量的控制。

糊盒上胶的方式主要有两种，分别是上胶轮涂布上胶方式和喷枪上胶方式。

1. 上胶轮涂布上胶

上胶轮涂布上胶方式主要通过胶层的宽度和厚度来控制上胶量。其中，上胶层的宽度用上胶金属叶轮的厚度来调节，其规格很多，最常见的规格为 3mm 和 5mm，可以根据不同上胶要求选择不同厚度的胶轮。3mm 厚的用于常见的盒型，5mm 厚的用于需求胶量多的黏合盒片。而胶层的厚度则通过胶量调节器控制，其通过调节内部刮刀与上胶轮表面的间隙大小控制涂布胶层的厚度，涂胶的厚度通常控制为 0.3mm，经皮带挤压铺展后即可满足要求。

2. 喷枪上胶

喷枪上胶方式胶量的调节主要是通过调节其堵塞孔的位置来完成，喷胶的开始和结束由电子控制器控制电子阀门来完成。胶压力一般为 3.5MPa，温度控制在 180℃左右。根据使用的要求可以考虑使用不同类型的胶：热熔胶和冷胶。

在上胶过程中，需要注意以下几点。

① 确保纸盒粘口边与输送带平行。

② 上、下胶轮的间隙及涂胶量要合适，以保证涂胶层薄而均匀。

③ 纸盒粘口与胶轮宽度要匹配，纸盒的粘口宽度应满足糊盒机的要求，过宽过窄都会影响糊盒质量。上胶轮的同心度要保证精确，边缘的滚花要无磨损，以保证上胶均匀。

④ 涂胶位置要恰当。离折痕线太远则成盒不美观；太近则可能使不该涂胶的位置涂上了胶，导致成盒困难。

⑤ 已涂有黏合剂的粘口不能再碰到机器的其他部位。

六、纸盒的装箱要求

糊盒完成后，需要对成型后的纸盒装箱。在纸盒装箱的过程中，应该注意以下几点，以保证盒子成型的质量。

① 依照作业单要求确定装箱数量，保证糊口处的压力。

② 检查压力是否适中，如压力太松，则加入纸砖或纸卷，待胶水干燥后再取出。

③ 机包盒要求压紧后留 3~5cm 空隙，先放纸块压紧，胶水干燥后拿出纸块放松。

④ 纸盒尽量不要由下至上累加叠放，更不要将包装盒捆扎。装运过程中，以并列放置为宜，一般不要超过两层叠置。

⑤ 避免盒子糊盒胶在未干透前受冻或者出库。

⑥ 外箱要求有一定的强度，不易变形，最好采用 5 层瓦楞纸箱装箱。

七、糊盒的质量要求

① 接口位置要对准。尤其对于对图案有对接要求的盒子更要注意，否则将影响盒子的外观。有些纸盒的高度小于其宽度和长度，糊盒时很容易产生走纸歪斜。

② 黏合牢固。黏合后约 12h，胶水完全干燥后，撕开粘口二纸边，能将其中一面纸张撕下为合格。经过上光、压光、覆膜等工艺处理后，糊盒时要经过特别处理，否则容易造成黏合不牢、脱胶等现象。

③ 防止胶水溢出。糊盒后，胶水从盒子内部或外部纸边部位溢出，造成盒子内部两盒面或盒子与盒子之间被粘住，内部溢出使盒子较难或根本不能打开，外部溢出分开时会撕坏印面。

④ 印刷面整洁。糊盒时，由于机械摩擦力的作用，很容易擦伤盒面上的油墨层，使盒面留有擦痕，有时会将油墨拖带至空白处，产生脏污。有的产品是正反面印刷，糊盒时极易将反面油墨拖擦至正面，造成脏污。

⑤ 撑开盒子容易。在纸盒两折叠边轻轻向中间用力即能打开。如果糊盒时折痕线压力过大，产生胶水内溢，或没有预折四条边或预折角度不到位，都会使纸盒难以打开，影响包装生产线的顺利进行。尤其是用全自动包装机进行包装的纸盒，其展开力需要达到一定的要求，否则会影响包装速度。因此，在糊盒完成后，需要对纸盒的展开力进行测试，以便确定纸盒是否能够满足全自动包装的要求。

⑥ 不爆线、不爆角。模切产品经糊盒后，压痕线没有产生爆线、破损现象。纸盒产生爆线、爆角现象，既可能是模切及纸张的原因，也有可能是糊盒时操作不当的原因。

八、影响纸盒成型的主要因素

影响纸盒成型质量的因素多种多样，最主要的有两个方面。

（一）材料因素的影响

1. 纸张变形对纸盒成型的影响

纸张本身不平整、有卷曲，在印刷、模切、糊盒后，盒型的美观一定会受到影响。纸张变形主要体现在以下几个方面。

（1）由卷筒纸本身的卷曲引起的变形

现在大装置彩盒都是使用卷筒纸印制，有的还采用进口卷筒纸。由于场地及运输条件的限制，进口卷筒纸要在国内分切，分切后的纸张存放时间一般较短，再加上有的生产厂家资金周转困难，现用现买，因此分切后的纸张大多数都没有完全放平整就进行印刷加工。如果直接购进分切好的单张纸，则情况要好得多。

（2）由纸张含水量变化引起的变形

每张纸所含水分必须分布均匀，同时必须与周围的湿度相平衡，否则时间久了会出现"荷叶边"和"紧边"现象，影响最终盒型的美观。对于裁切好的卡纸，堆放时间也不宜过长。

（3）由拼版方式不合适引起的变形

这其中起决定因素的是纸张纤维方向。一旦纸盒的开口方向与纸张的纤维方向平行，开口鼓起的现象就十分明显，因为纸张在印刷过程中吸收水分，后经过 UV 上光、压光、覆膜等表面加工，在生产过程中或多或少地要发生变形，变形后的纸张表面和底面的张力不一致，由于纸盒成型时两侧已被粘好固定，只有向外张开，导致纸盒成型后开口张开过大的现象。对此，要从拼版方式上想办法解决。如今市场上纸张的纤维方向基本上是固定的，大都是以纵向为纤维方向，而彩盒的印刷是以一定数量拼在一张对开或四开纸上印刷，一般在不影响产品质量的前提下一张纸拼得越多越好，因为这样才能减少材料的浪费、降低成本，以这样拼排计算出来的价格才能让客户接受。但是一味地考虑拼版的因素而不顾及纤维方向，成型后的纸盒也达不到客户的要求。一般情况下，纸张的纤维方向与开口处的方向垂直是最理想的。

2. 纸张种类对糊盒牢度的影响

纸张种类不同，对糊盒牢度的影响也不同。印制酒盒、药盒主要采用白卡纸、灰底白板纸、金/银卡纸及其他一些特种纸张。

白卡纸定量较高，表面光滑度好，平整度高，紧度大，胶黏剂的渗透性较差。因此在糊盒过程中，如果不考虑其表面特性则可能导致黏合不牢。对此，一般要采取磨边处理，增大其粘口边的摩擦系数和胶黏剂的渗透性，改善黏合牢度。

灰底白板纸的底层较粗糙，吸水性强，对胶黏剂的渗透性较好，因此黏合牢度胜于白卡纸。而金/银卡纸的表面光滑度、平整度更高，但一般都要经过覆膜处理，此时采用塑/纸型胶黏剂有利于提高黏合牢度。

3. 胶黏剂对糊盒牢度的影响

胶黏剂是影响糊盒牢度最重要的因素之一。选择胶黏剂，一般按纸/纸、塑/纸来选择。一般来说，纸/纸型胶黏剂采用的是313水基胶，其稠度好，稳定性高，流平性好，适合于快速黏合；塑/纸型胶黏剂采用的是815机粘塑/纸封口胶，其固含量高，干燥速度快，黏附性能好，耐高低温性能好，硬度适中，涂刷性较好，抗冷耐热性能佳，初黏速度快，能够实现高速黏结。

（二）工艺因素的影响

1. 表面整饰对糊盒质量的影响

表面整饰的影响主要表现在印刷后满版上光和覆膜的产品上。对于这样的半成品，由于胶黏剂很难渗透过光油层和塑料膜层到达纸张，因此黏结牢度不会很高。对此，有的糊盒机上安装了磨边装置，对黏合处的表层进行打磨，但这在工艺上有一些难度。所以许多厂家在上光和覆膜时都尽量避开黏合处，只在纸盒产品的局部上光或覆膜。

2. 模切工艺对盒型的影响

模切版的制作工艺对盒型的影响也很大。手工制作的模切版比较粗劣，对各处的规格、切割、弯刀把握不好，目前基本上淘汰了手工制版，而选用激光刀模制作的模切版。但有时反锁扣和高低线的尺寸是否按照纸张的定量进行设定、刀线的规格是否适用于所有的纸张厚度以及模切线的高度问题也同样影响到纸盒糊制成型的效果。其中，在压痕时，纸张的纤维将因受压而变形，如果压痕线过浅，纸张纤维就可能没完全压透。由于纸张自身的弹性，当纸盒两侧成型而折回时，开口边的切口处就会向外扩张，形成开口张开的现象。

3. 工艺参数对糊盒质量的影响

实际生产中，为了避免黏合不准、不牢、脱胶、溢胶、粘花等故障的发生，应合理设置工艺参数。一般要考虑的因素包括纸张材料的特性、开数大小、表面加工情况。糊盒后的压力以盒子粘贴牢固、无压痕为准（特别是为防止特种纸张如金/银卡纸的成型过程中的刮花现象，要注意压力的合理调节），上胶量则主要根据盒子的粘口边宽度来决定。纸张的开数越大，厚度越厚，平整度越高，工艺越复杂，工作速度也越慢。具体的参数设定则需要根据实际情况来确定。

九、盒型设计与糊盒工艺的匹配

糊盒质量与模切质量是紧密相连的，模切不好、压痕不深，再好的糊盒机也不能糊出好的产品。模切版制作又与盒型设计有着密不可分的关系。同样规格的纸板，由于盒型设计的不同，做出的盒子往往是不一样的，所以盒型的设计直接影响最终产品的质量。

进行盒型设计时，必须对后续的生产工艺进行综合考虑。盒型设计必须注意折盒位置、折盒角度、糊盒点大小及位置等关键要素，保证这些要素符合糊盒机的加工精度及要求，做到盒型设计与自动糊盒工艺的匹配。

第五节　糊盒常见质量问题及解决方法

1. 黏合不牢

纸盒粘贴牢度不高，往往造成糊口部位开裂或脱胶。主要原因归纳如下。

① 胶黏剂的黏度不够或涂胶量不足。

② 胶黏剂和纸盒材料不匹配。如果盒子的粘口装置经过覆膜、上光等表面加工，则黏合剂难以透过表层渗入纸张，这样的纸盒比较难以粘牢。

③ 折叠涂胶后压力不足，加压时间不够长，不利于粘贴结实。

处理方法有以下几方面。

① 选择与纸盒材料相适应的黏合剂。黏合剂黏度高，黏结强度高，起皱率也会随之升高。操作车间的环境温度也会对黏合剂产生一定的影响，如果操作车间温度太低，黏合剂会凝固，影响黏结牢固度，涂胶量越少对室温越敏感，操作车间的温度应保持在20℃以上。

② 对于经过覆膜、上光处理的纸盒，解决糊盒不牢的方法有4种：其一，模切时在粘口处放置针线刀，将粘口的表层扎破，以利于胶黏剂的渗入；其二，用自动糊盒机附带的磨边装置将粘口的表层磨破，以利于胶黏剂的渗入；其三，将热熔胶喷射到粘口装置，利用高温熔化粘口表面的物质，提高糊盒牢度；其四，在印前进行盒型设计时，可预先在要覆膜和上光的盒片边缘留出涂胶部位。

③ 对于压力不足产生的糊盒不牢现象，可以增加糊盒机的压力，延长加压时间，或者更换黏结力强的黏合剂。

2. 糊盒不规范

主要是指纸盒坯料没有按模切压痕准确糊盒而产生歪斜或变形现象。其主要原因有以下几方面。

① 模切版精度不高导致纸盒不一致、糊盒时纸盒变形，压痕模槽太宽、压痕压力不够、压痕不饱满，没有精确地按照压痕线折叠。

② 黏合剂浓度低、含水量大，纸板吸湿变形，纸盒成型后不平整。

③ 糊盒机自身没有调节好，折叠变速器调节不当，盒片的左右两边输送速度不一致，造成粘口歪斜。

④ 两根成型刀之间的距离调节不合适，导致产品在成型时受力点不在痕线上，而是随着成型刀的力而定位，导致糊盒错位。

⑤ 折叠杆安装不恰当。

⑥ 粘口对位不准。

处理方法有以下几方面。

① 模切压痕时，保证模切版精度，适当加大压痕线压力，压痕模槽宽度稍大些，选用压痕模槽宽度稍大些的粘贴压痕模为好。

② 选择浓度合适的黏合剂。

③ 调节好糊盒机，调整机器运转速度。

④ 调整成型刀位置，使其靠成型线的内侧 2mm 左右为宜。

⑤ 重新安装好折叠杆。

⑥ 粘口对位不准主要是调机精度不准，应提高调机精度。

3. 粘口溢胶

溢胶是指过量的黏合剂流出粘口，不该涂布黏合剂的地方涂了黏合剂，使纸盒成型困难。其主要是由糊盒错位及黏合剂用量过多引起的。

处理方法：

① 黏合剂涂布量过多，要适当减少黏合剂涂布量；

② 检查涂胶轮是否直线转动，检查轴芯是否磨损或变形；

③ 将粘边适当放宽些，以防黏合剂外流。

4. 糊盒擦伤

擦伤主要是指在糊盒过程中纸盒表面被其他纸盒或者糊盒机的某个部件碰伤。其主要原因有以下几方面。

① 油墨或光油在干燥上存在问题，导致产品在刀门处擦伤。

② 辅助配件上有杂质或毛刺等，导致产品在输送中擦伤。

③ 压合皮带接料处前后距离及上下高度调节不合理，导致产品在堆积时后一个产品冲力过重而擦伤前一个纸盒。

处理方法有以下几方面。

① 减少加料高度，放低纸堆后挡板。

② 一切辅助装备都应该保持表面光滑。如在生产中发现产品擦伤，则应逐步检查与该部位相接触的部件，并给予解决。

③ 降低机速，在慢机过程中调节压合皮带接料处的前后距离及送料皮带的上下高度，边调节边加速边检查，直至机速正常，且无擦伤出现。

复习思考题

1. 糊盒的方式有哪些？各自的特点是什么？
2. 糊盒胶水的主要成分是什么？各有什么作用？
3. 正确选择糊盒胶水要注意哪些问题？
4. 糊口部位表面处理的方法主要有哪几种？各有什么特点？
5. 自动糊盒设备主要由哪些装置组成？
6. 糊盒设备的上胶方式主要有几种？各有什么特点？
7. 简述糊盒的工艺流程。
8. 影响纸盒成型的主要因素有哪些？
9. 糊盒完毕后纸盒的装箱要求有哪些？
10. 简述糊盒常见的质量问题及其解决方法。

第八章

装订技术

第一节 概　述

装订是将印张加工成所需各种加工工序的总称。

印后装订指印刷以后对印张的订装加工。它是将印刷好的一批批分散的半成品页张（包括图表、衬页、封面等），根据不同规格和要求，采用不同的订、锁、粘的方法使其连接起来，再选择不同的装帧方式进行包装加工，成为便于使用、阅读和保存的印刷品的加工过程。书籍（含本册）的加工实际上是先订（连）后装（帧）的，由于在加工中是以装为主，故称装订。订连的过程（折、配、订、锁、粘等）称为书芯加工；将订联成册的书芯包上外衣封面的过程称为书封加工，也称为装帧加工。总之，印好的页张，经过订和装的过程，就可以成为一本可以阅读、使用和保存的印刷品了。

一、装订的常用术语

1. 装订工艺：将印张加工成册所采用的各种方式。

2. 平装：书芯经订连后，包粘软质封面、裁切成册的工艺方式。

3. 精装：书芯经订连、裁切、造型后，用硬纸板作书壳的，表面装潢讲究耐用、耐保存的一种书籍装订方式。

4. 线装：用线将书页连封面装订成册，订线露在外面的中国传统装订方式。

5. 活页装：以各种夹、扎、穿等方式将散页和封面连接在一起并可分拆的装订方式。

6. 豪华装：用贵重的装帧材料和特殊工艺技术制成的有保存价值和收藏价值的书籍装订方式。

7. 胶粘订：将书帖、书页用胶黏剂粘联成册的订连方式。

8. 锁线订：将书帖逐帖用线穿订成册的订连方式。

9. 铁丝订：用金属丝将书帖订连成册的方法。

10. 塑料线烫订：用塑料线将书帖最后一折缝穿订并熔融成书帖的订连方式。

11. 折页：将印张按页码顺序折叠成书帖的工艺。

12. 配页：将书帖或单页按顺序配集成册的工艺。

13. 包本：将订或粘好的书芯在书背和订口上滴胶黏剂把封面包粘住的工艺。

14. 书帖：书籍印张按页码顺序折叠成一迭的书页。

15. 书芯：未上封面的书册。

16. 天头：版心上沿至成品幅面上沿之间的空白区域（图 8-1）。

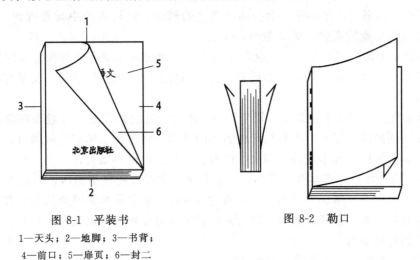

图 8-1　平装书

1—天头；2—地脚；3—书背；

4—前口；5—扉页；6—封二

图 8-2　勒口

17. 地脚：版心下沿至成品幅面下沿之间的空白区域（图 8-1）。

18. 订口：版心内侧边缘至成品幅面装订边缘之间的空白区域。

19. 切口：版心外侧边缘至成品幅面裁切边缘之间的空白区域。

20. 前口：也称口子或口子边，指订口折缝边相对的毛口阅读边位置（图 8-1）。

21. 裁切：将纸张、印张、书册等按所需尺寸切开的工艺。

22. 三面切：用三面切书机将书册按要求尺寸切齐的工艺。

23. 纸张幅面：纸张幅面如同布匹幅面一样，有一定的规格。我国目前书刊印刷所用的纸张幅面根据国家规定有两种不同形式：平板纸和卷筒纸。平板纸幅面按国标 A 型系列有：880mm×1230mm，890mm×1280mm；B 型系列有：1000mm×1400mm。另外现用的国内习惯幅面有：787mm×1092mm（俗称正度纸），889mm×1194mm（俗称大度纸），850mm×1168mm。这些幅面虽还用，但逐渐以国标尺寸为准，进入规范化标准。卷筒纸的宽有多种，如 880mm、890mm、787mm、850mm 等。

24. 纸张定量：纸张定量以每一张纸每平方米多少克（记作 g/m^2）为单位进行计算。书芯正文用纸克重，常用的有 $52g/m^2$、$60g/m^2$、$65g/m^2$、$70g/m^2$、$75g/m^2$ 等，有些书籍用纸定量大，如铜版纸 $128g/m^2$、$157g/m^2$ 等。书封用纸克重较书芯定量大，一般为 $120\sim250g/m^2$。纸张的定量与纸质有直接关系，纸质越好定量就越大。

25. 令数：书刊印装用纸的数量是很大的，用张数去计算不便使用。因此，在印刷行业中用纸数量均以"令"为单位进行计算，即每 500 张全张纸为 1 令（1 令＝500 张全张纸），每 250 张全张纸为半令（全张纸或全开纸，指国家统一规格幅面）。无论印刷或装订用纸计算或产量、产值完成的核算都将书册（或本册）折合成令数，以令数为计算单位。

26. 开数：开数指一全张纸上排印多少版或开出多少块纸张，也可以说是表示书刊幅面大小的。全张纸（或全张版面）叫全开，全张纸排两块版；对折 1 次或从中间 1 次裁切开称 2 开或对开；全张纸从中间依次裁 2 次或折 2 折（即 4 版）为 4 开；依次从中间裁 3 次或折 3 折（8 版）为 8 开；4 次为 16 开（16 版）；将对开纸张折成 4 折或裁切 4 次（32

版）为 32 开……。书刊的幅面开数大小是根据版面设计而来，一全张纸印有多少版或切成多少纸也就是多少开。由于纸张幅面的规定有大小之分，所以有大 32 开或小 32 开等称呼。

27. 版心：指书刊印张中除去余折印有图文的部分。装订生产中常常听到"版心不正"的说法，就是所印刷的页张、图文歪斜不规矩。

28. 版面：指印刷好的页张，包括图文及余白。通过对印刷好的页张上版面的观察，可以断定版面的设计情况及所印页张的质量优劣，如排版设计是否恰当、图文是否清晰、墨色是否均匀等。

29. 版权页：又称版本记录页，用来介绍一本书刊的出版情况。一般印在扉衬页背面的下半部或全书的最末页下部，也有的印在封四的下部。版权页上印有在版编目、出版者、印装者、发行者、幅面、开本规格、印次、印数、字数、定价等项目。

30. 左、右开本：左开本和右开本，指书刊加工完成以后在翻阅时，向左翻开的称左开本，向右翻开的称右开本。左开本书刊一般均是每行字横着排列，字迹从左向右看，是现代常见的一种普通开本；右开本书刊一般均是每行字竖着排列，字迹从右向左看，常见为线装书和一些中国历史书籍。

31. 开本：指书刊装订成册后的大小幅面。

32. 开本尺寸：指书籍经装订切成后的公称尺寸。我国书刊装订的开本尺寸，是根据国家标准纸张幅面来决定的。常用的开本尺寸规格大致有以下几种：A3，420mm×297mm；A4，210mm×297mm；A5，210mm×148mm；A6，105mm×148mm（144mm）；A7，105mm×74mm。

习惯用开本尺寸：大 16 开本，187mm×262mm；小 16 开本，184mm×260mm；大 32 开本，203mm×140mm；小 32 开本，184mm×130mm；大 64 开本，130mm×99mm；小 64 开本，125mm×92mm。

33. 页：指书刊中的纸张，即页张。每 1 张纸称 1 页，2 张称 2 页。

34. 码：指每页张上印的号码，也称页码。

35. 面：指一张页上的正反版面。每页张有两面，每面印有一个码，每张页有两个号码（指双面印刷），页码越多说明书籍页张越多、越厚。书刊的薄厚计算一般常用页码的多少进行。

36. 衬纸：指封面（封二）下面另粘上的白页张。衬纸是为衬托封面与书芯的衔接而用，并有保护书芯的作用。衬纸有单张页和双张页两种。

37. 扉页：指衬纸下面印有书名和出版者的单张页。有些书刊在加工时衬纸和扉页印在一起（即双张二页），称为扉衬页（图 8-1）。

38. 环衬：指精装书籍的封壳内书芯上下一折两页的衬纸（参见图 8-4）。环衬被粘在书芯上，是用来与精装书壳黏合后起连接作用的。有的环衬还印有各种暗色花纹图案，以装饰书籍。

39. 插页：指在书刊加工中由于字数多少的需要及图表在书芯内的安排，要在书帖上安放（或粘上）一或多张页（或图表）来补充书册内容的完整。

40. 筒子页：指一折后的两页。

41. 书芯：将折好的书帖按其顺序经配、订后的半成品，即毛本书。书刊装订的装帧都要制成书芯后才可加工。

42. 书封：也称封面、书衣、外封、皮子、封皮等（精装书称封壳），包在书芯外面，有保护书芯和装饰书籍的作用。书封分面（封面）与里（封里）和封一、封二（属前封）、封三、封四（属后封）。一般书籍，封一印有书名及出版者名称，封四即封底印有定价或版权。

43. 勒口： 平装装帧的一种形式。主要是封面的前口边裁切时大于书芯前口边宽约 20～30mm，再将封面多余部分沿书芯前口切边向里折齐在封二和封三内（图 8-2）。

44. 刀花： 由于裁切书册时切刀不锋利或因故崩磨损坏，造成所切书册的切口部分不光滑且有凹凸不平的花纹，这种花纹称刀花。出现刀花要及时更换刀片，以避免影响书籍外观质量。

45. 小页： 由于折页时折边不齐或配帖后碰撞不齐，经包面裁切成册后，缩进书芯内造成比应切尺寸小的页张。出现小页要进行返工复修，以避免影响读者翻阅。

46. 书封壳： 也称书壳、封壳、壳子、硬面皮等，是用纸或织品等料与硬质纸板糊制成后，作为精装书封面的。书封壳有软、硬壳之分，软壳是用较薄的卡纸或塑料加工而成，硬壳是用较硬纸板加工而成的书封壳。

47. 书背： 也称后背。指书帖配册后需粘联（或订连）的平齐部分（图 8-1）。书背的薄厚是书刊封面前后连接的宽度，无论精、平装等都有书背。精、平装书册经装帧加工后，书背上一般印有书名、出版者或作者名称，待阅读后将书册插入书架上，书背朝外露出，便于下次阅读查找。精装书背还有方、圆背之分。

48. 书脊： 即书芯表面与书背的连接处。也是精装书刊前后书壳与书背的连接处。平装书刊的书脊是平齐的，书芯表面与书脊是平齐的，书芯表面与书背垂直；而精装书刊的书脊由于书背的变形，有些则高出书芯的表面（如圆背真脊书芯）。精装的书脊又有真、假脊之分，真脊是利用造型加工将书脊砸出一条棱线后高于书芯表面，假脊是书背造型（或不造型）后书脊不再做其他加工与书芯表面在同一平面上（如图 8-3 所示）。

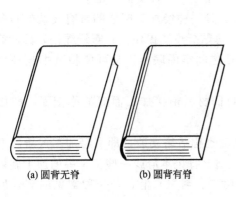

图 8-3 精装书脊

(a) 圆背无脊　　(b) 圆背有脊

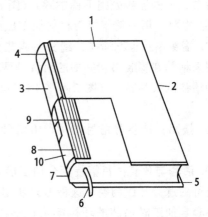

图 8-4 精装书造型示意

1—封一书壳面；2—前口；3—书腰；4—书槽；
5—飘口；6—书签丝带；7—堵头布；
8—书背纱布；9—环衬；10—书背纸

49. 书槽： 又称书沟或沟槽。指精装书籍套合加工后，封面和封底的书脊连接部分压进去的槽沟（图 8-4）。书槽的作用是使书籍结实美观，便于翻阅。

50. 飘口： 指精装书刊经套合加工后，书封壳大出书芯（切口）的部分（图 8-4）。三面飘口一般情况为 3mm，也可根据书刊幅面大小增大或缩小。飘口的作用是保护书芯和使书籍外形美观。

51. 方、圆角： 加工书刊或本册时，经裁切的书刊四角均呈直角，为了使书籍外形美观，在书刊散开的一面上下两角（前口的上下两角）用切角机或切角刀切成一定程度的圆势，称圆角，不切成圆势的是方角。圆角加工适用于精、平装书刊，造型美观、翻阅时书角不易折损（图 8-5）。

52. 中径： 指书封壳的封二和封三两块纸板之间的距离（图 8-5）。

53. 中径纸板： 也称中径纸，指中径部分中间所粘贴的纸板条。

54. 中缝： 指中径纸板与书壳相距的两个空隙。制作书壳时所留出的中缝是为了书壳与书芯连接和压沟成形（图 8-5）。

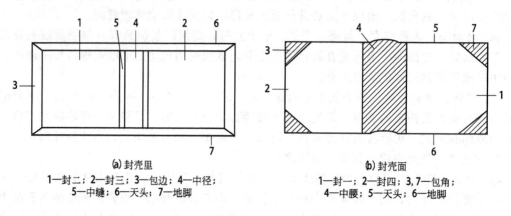

(a) 封壳里
1—封二；2—封三；3—包边；4—中径；
5—中缝；6—天头；7—地脚

(b) 封壳面
1—封一；2—封四；3,7—包角；
4—中腰；5—天头；6—地脚

图 8-5　书封壳

55. 中腰： 也称书腰。一般指上、下书封壳中间的连接部分，即指封一和封四的腰部位置（封二、三的连接处则不称中腰）（图 8-5）。

56. 整面： 用一整张封面材料加工成的面（不用接面）称整面，也称全面。

57. 堵头布： 也称堵布、绳头布或花头布等，是一种经加工制成的带有线棱的布条。堵头布用来粘贴在精装书切完书芯后背的两端，将每贴折痕堵盖住，只露线绳棱，因此称堵头布（即堵住两头的布）（图 8-4）。作用可使各帖之间牢固联结，又可使精装书刊外形美观大方。

58. 接面： 精装书壳制作时，用两种以上封面材料衔接加工而成的称接面，即接上的封面。

59. 活套与死套： 指精装套合加工形式。活套也称活络套装，即书籍加工成册后书芯和书封壳可随意分开或调换，这种形式使用方便，适合日记本册或一些工具书的加工装帧；死套指在套合加工时书芯的环衬牢粘在书封壳（封二、封三）上，是一种常见的套合加工形式，适用于一切精装书籍的加工。

60. 护封： 指套在封面外的包封纸。一般用于比较讲究的书籍或经典著作，作用是保护书封，增加书籍的庄重和艺术感。护封选用质地较好的纸张或压有塑料薄膜及印有花纹图案的材料等。

61. 扒圆： 将裁切成的书芯背部加工成圆弧形的工艺。扒圆起脊机在扒圆时，由一组（或一对）圆辊将书芯压紧后做相对旋转动作 [如图 8-6（a）所示]，使书背扒成适当规格圆势，加工成圆背书芯。有些机器还没有冲圆装置，即将方背书先进行冲圆加工，做初步定型。

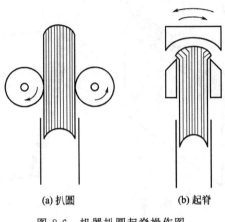

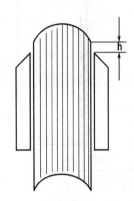

(a) 扒圆　　　　　　　　(b) 起脊

图 8-6　机器扒圆起脊操作图

图 8-7　起脊楔板与书芯
脊背距离 $h=3mm$

62. 起脊：在扒圆的书脊部加工出一条隆起棱线的工艺。扒圆起脊机在起脊时，是将扒完圆的书芯由起脊楔板在距离书背边一定位置时将书芯夹紧（图 8-7）（不在一起加工扒圆起脊的机型先将书芯传送到起脊位置后再做夹紧动作）。由起脊槽板将夹紧好的书芯沿书背部分压住后做往复摆动［如图 8-6（b）所示］，使书背沿书脊两边变形，并依楔板的外形压挤，使书芯的背槽明显出现棱线为止（无论书背朝下或朝上均相同）。

二、书帖的联结法

书籍装订联结法，大致有 9 种方法：扎结订、粘联订、古线订、三眼线订、铁丝订、缝纫订、锁线订、无线胶粘订、塑料线烫订。这里主要介绍以下常用五种联结法。

1. 铁丝订

如图 8-8 所示，铁丝订是我国书刊加工的主要方法之一，骑马订装均采用铁丝订，薄的平装本有时也采用铁丝订。

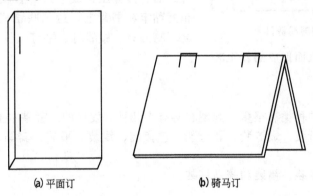

(a) 平面订　　　　　　　　(b) 骑马订

图 8-8　铁丝订

2. 缝纫订

如图 8-9 所示，缝纫订是采用一种与家用缝纫机结构相同的工业缝纫机将书册订连的方法。

3. 锁线订

如图 8-10 所示，锁线订是一种用棉或丝线经上蜡加工后，在书帖的最后一折缝线上按照号码和版面的顺序逐帖穿联起来的方法，主要形式分平锁和交叉锁两种。适合精装、平装、合订本等所用。

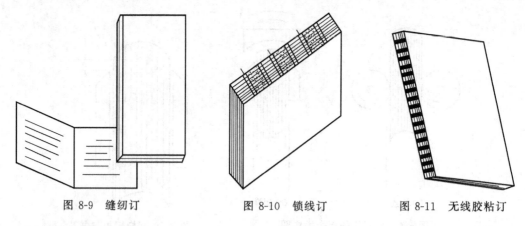

图 8-9 缝纫订　　　　　　图 8-10 锁线订　　　　　　图 8-11 无线胶粘订

4. 无线胶粘订

如图 8-11 所示，无线胶粘订是一种用胶黏剂代替金属或棉线等将散页帖的书联结成册的方法。加工时有以下三种形式：第一种是在折页机折的最后一折缝线上打成有规律的刀孔，以备成册后进灌胶液粘联用；第二种是利用无线胶粘订机的铣刀将书背铣掉 1.5mm 或铣成毛散状后着胶灌进粘联成册；第三种是用手工在书背上锯口进胶粘联成册。无线胶粘订是一种较先进的工艺，使用范围广，省工节料，效率高，无论书籍薄厚、幅面大小或精（较简易的精装）、平装均可采用，并能配套进行联动和高速生产作业。

5. 塑料线烫订

如图 8-12 所示，塑料线烫订是在折页机进行最后一折之前，以类似骑马订形成穿线的

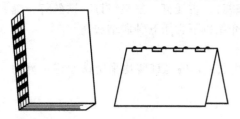

图 8-12 塑料线烫订

原理，将每一书帖最后一折的折缝上从里向外穿出一根特制塑料线，穿进的塑料线被切断后，两端（两订脚头）向外而形成书帖外订脚，然后在订脚处加热，使塑料线熔化并与书帖折缝黏合。再经配页、包封面、烫背压紧成形后，各帖之间的塑料线订脚相互黏牢在书背上，达到联结成册的目的。它是综合了骑马订、锁线订、平订（铁丝订）、无线胶粘订几种联结方法的特点而形成的新工艺。

三、装订的种类

书籍制作装订的种类有很多，到现在共有十几种。发展的过程基本上是：龟骨册装、简策装、卷轴装、经折装、蝴蝶装、和合装、包背装、线装、平装、骑马订装、精装豪华装、环订装等。

这里主要介绍平装、精装和骑马订装。

第二节　平（精）装订工艺及设备

一、折页

折页就是将印张按页码顺序折叠成书帖的工艺，也就是将印刷好的大幅面印张按照其上所标页码的顺序和规定的幅面大小用机器或手工折叠成书帖的工作过程，是成帖的主要工作。在书籍制作过程中，书帖、衬页、封面、插页等的制作均需要进行折页。

（一）折页的方式及应用

在装订生产中，依据成品规格尺寸的要求和印张版面页码排列的顺序可以使用不同的折页方式，常用的折页方式有平行折页、垂直折页、混合折页，如图 8-13 所示。

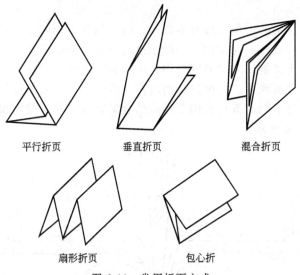

图 8-13　常用折页方式

1. 平行折页法

平行折页法是相邻两折的折线相互平行的折页方法。平行折页法有三种折叠形式：包心折、扇形折、双对折。如图 8-13 所示。平行折页多用于折叠长条形的页张和纸张较厚的儿童读物、字帖、地图等。

2. 垂直折页法

垂直折页法是每折完一折将书页转 90°，再折第二折，相邻两折折线相互垂直的折页方法。用全张或对开书页折叠 32 开、16 开书帖多用垂直折页法折页，如图 8-13 所示。

3. 混合折页法

混合折页法是在同书帖中既有平行折页也有垂直折页的方法，如图 8-13 所示。

除此之外，根据书页不同的折叠方向还可以分为正折和反折，顺时针折页为反折，逆时针折页为正折，如图 8-14 所示；根据折页的联数可分为单联和双联，如图 8-15 所示。

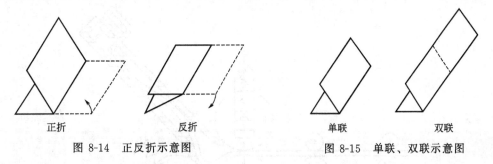

图 8-14　正反折示意图　　　　　图 8-15　单联、双联示意图

（二）折页机的类型

折页机是把大幅印张按一定规格要求折叠成帖的机器。根据折页机折页机构的不同，折页机可分为刀式折页机、栅栏式折页机、栅刀混合式折页机和塑料线烫订折页机。除此之

外，在卷筒纸轮转印刷机上还装有配套专用的折页机构。

1. 刀式折页机

刀式折页机的折页机构是利用折刀将印张压入相对旋转的一对折页辊中间，再由折页辊送出，完成一次折页过程。常用的刀式折页机有 ZY102 型、ZY104 型全张自动刀式折页机，ZY202 型对开刀式折页机。

各种型号刀式折页机的工作原理基本相同。折页机在工作时，首先由输纸装置将印张 2 分离，由传送带 4 带着纸张向前运动。当纸张进行纵向和横向定位后，折刀 1 向下运动，将纸张压入相对旋转的折页辊 3 之间的缝隙中，由折页辊送出，完成第一折。经过切断，打孔后的一折书帖由传送带送到第二折位置，而后再送到第三、第四折页位置，完成二、三、四折的工作。根据需要使不同的折页机构及相应的收帖装置工作，就可得到折法、折数和幅面不同的书帖。如图 8-16 所示。

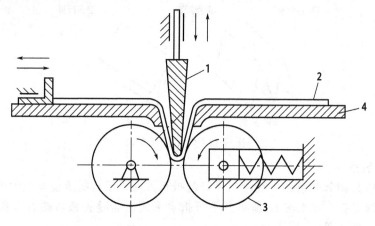

图 8-16　刀式折页原理示意图
1—折刀；2—印张；3—折页辊；4—传送带

2. 栅栏式折页机

栅栏式折页机的折页机构是利用折页栅栏与相对旋转的折页辊和挡板相互配合完成折页工作的。栅式折页机只有对开、四开两个品种，常用的是 ZY201 型对开高速折页机。根据折页的不同要求，改变栅栏式折页机折页装置的数量和彼此位置的相互配合，可以折叠出不同折页方式的书帖。如图 8-17 所示。

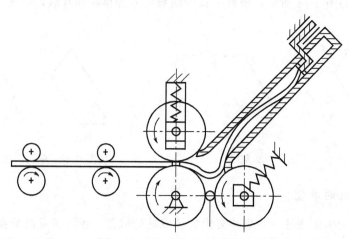

图 8-17　栅栏式折页原理示意图

3. 栅刀混合式折页机

栅刀混合式折页机的折页机构是既有栅栏式折页机构又有刀式折页机构。其结构特点一般是：一、二折采用栅栏式，故折页速度快；三、四折采用刀式结构，因而折页质量好，性能稳定，调整简单，操作维修方便。栅刀混合式折页机的型号有 ZY920 型全张折页机，ZY203、ZY205 对开折页机，ZY403 型和 ZY404 型四开折页机等。

4. 塑料线烫订折页机

该机是在刀式或混合式折页机的最后一折前加上塑料线烫订装置。即在折页机进行最后一折之前，从每一书帖最后一折折缝的里面向外穿出一根特制的塑料线，使塑料线两端形成订脚，并用电热将其熔化，沿折缝与书帖黏合，然后进行最后一折的折页。20 世纪 70 年代，我国就已经研制出、型号为 TDZ101 的塑料线烫订全张刀式折页机。此外，还有 ZYD102A 和 ZYHD440 型塑料线烫订折页机。它们分别是在 ZY102A 和 ZYH440 型（混合式折页机）的基础上加上塑料线烫订装置，这两种机型既能做烫订折页又能做普通折页。国产折页机的规格参数按机构电子工业部标准 ZBJ 87011—88 规定。

（三）折页机的特点及选用

在我国的书刊印刷企业中，目前采用的折页设备主要有刀式、栅栏式和栅刀混合式折页机，其结构和技术性能不同，因而使用范围也不一样。

刀式折页机具有较高的折页精度，书帖折缝压得实，对纸张质量的要求较宽，对于较薄、软的纸张也可以折页。该机操作方便，当改变折页方式和规格时调准机器所需时间较少。但由于折刀的运动惯性，其折页速度较慢，并且结构复杂。

刀式折页机有全张和对开两种，它适用于大幅面印张的折页。凡使用全张印刷机印刷的印张，印后无需裁切，可以直接使用 ZY103 或 ZY104 型全张刀式折页机折页。可以将 40～100g/m² 的全张或对开印页折叠成各种规格的两个书帖，它还可以在第三和第四折刀之间装置花轮刀对书帖打孔，以适应无线胶粘装订的需要。可供印刷厂折叠精装、平装书籍和各种刊物的单、双联书帖。

栅栏式折页机机身较小，占地面积小，折页方式多，折页速度快，具有较高的生产效率，操作方便，维修简单。但是栅式折页机所能折页的幅面最大为对开，而且对纸张的厚度、硬度、平滑度比较敏感。当折叠表面较密实和较硬的纸张时，由于折页栅栏中折缝时的变形特性不同，折页的准确度下降。当折叠平滑度较高的纸张时，折缝的压实度降低，因为纸张的摩擦系数小，在折页辊之间形成并压紧折缝时，书帖里面的部分书页会被挤出，书帖外面的部分书页在折缝处形成楔形。

目前常用的栅栏式折页机是 ZY201 型对开折页机。它适用于折叠对开以下、50～120g/m² 的新闻纸、有光纸、凸版纸、胶版纸、铜版纸。它从给纸到收纸的整个工作过程是自动进行的，可无级变速，可以连续折成四折各种不同折法的书帖。

为了折叠四个页码的出版物或环衬、封面、套页、零头活件，不论批量大小，使用小幅面的栅栏式折页机是最为适宜的。栅栏式小幅面折页机还可用于折叠日历和小幅面的印刷品等。

栅刀混合式折页机在某种程度上取代了刀式和栅栏式折页机的优点，折页的幅面较大，对纸张的密实程度没有特别要求，和刀式折页机相比大大提高了生产效率。目前国外生产的折页机一般都采用栅刀混合式结构。

对开栅刀混合式折页机适用于平行折、包心折、垂直折等，可以折叠 16 开、32 开书帖和 32 开双联书帖。四开折页机可折叠 40～120g/m² 的各种印刷纸张，可折叠书籍及刊物的书页、各类空白纸制品所用的纸页、地图、设计图、多折的插页等。适合中、小型书刊印刷厂和装订厂使用。

目前，折页机一般还是单机操作，由于其工艺特点，生产效率不如其他装订设备，所以还没有实现与其他装订机械的联动化生产。但是随着印刷机械向大型、高速的方向发展，为了减少印刷与装订过程的不平衡，应使折页机与印刷机直接相连，使印刷与折页连续进行，以利于装订机械的联动生产。

二、配页

配页又叫配帖，是指将书帖或单张书页按页码顺序配集成书册的工序。配页工序是书刊装订的第二大工序。大张印页经折页工序变成了所需幅面的书帖，一本书刊的书芯由若干个书帖按页码顺序配集组成。

（一）配页方式

配页的方式有两种：套配法和叠配法。如图 8-18 所示。

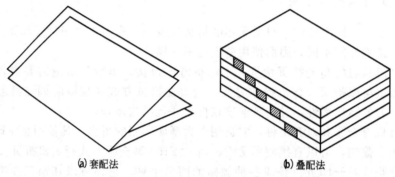

(a) 套配法　　(b) 叠配法

图 8-18　配页的方法

套配法常用于骑马订法装订的杂志或较薄的本、册，一般是用搭页机配页。其工艺是将书帖按页码顺序依次套在另一个书帖的外面（或里面），使其成为一本书刊的书芯，如图 8-18 （a）所示。

叠配法的工艺是按着各个书帖的页码顺序叠加在一起，如图 8-18 （b）所示。叠配法适合配置较厚的书芯。用叠配法完成配页的机器叫配页机。配页机生产效率高，在工厂应用广泛。目前，大部分书籍都是用叠配法进行配页的。

（二）配页设备

1. 配页机的分类与组成

把书帖按照页码顺序配集成册的机器叫配页机。书册采用套配法配页时，配页机就是骑马订生产线中的搭页机。

据配页机叼页时所采用的结构及其运动方式的不同，配页机可分为钳式配页机和辊式配页机两种。辊式配页机又分为单叼辊式配页机和双叼辊式配页机两种。

配页机由机架、贮页台、传递链条、气泵、传动装置、吸页机构、叼页机构、检测装置及收书装置构成。如图 8-19 （a）所示。

钳式配页机的叼页工作是由往复移动的叼页钳 2 完成的。叼页钳往复运动一次，叼下一个书帖。叼页钳的张合由凸轮机构控制。当叼页钳向斜上方运动时，张开钳口准备叼页。咬住书帖之后，叼页钳返回，把书帖放到下面的传送链条上。

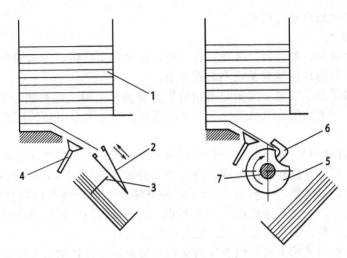

图 8-19 配页机叼页原理

1—书帖；2—叼页钳；3—拔书棍；4—吸嘴；5—叼页轮；6—叼牙；7—配页机主轴

辊式配页机的叼页部分是利用连续旋转的叼页轮与叼页轮上的叼牙配合完成叼页的。叼页轮带着叼牙旋转，叼牙转到上方时叼住书帖，转到下方时放开书帖，使书帖落到传送链条的隔页板上。叼牙的张合由叼页凸轮控制，叼页凸轮每转动一周，完成一帖（双叼配页机为两帖）的叼页工作。

2. 配页机的工作原理

配页机的工作原理如图 8-20 所示。配页机的贮页台 3 上装着挡板 2，将待配的书帖 1 按页码顺序分别放在挡板内。挡板下面装有吸页装置和叼页装置（图中未画出）。当机器运行时，吸页装置将挡板内最下面的一个书帖向下吸一个约 30°的角度，配页机的叼页装置将此书帖叼出并放到传送链条 6 的隔页板上（图中未画出），再由传送链条上装着的拔书棍 4 将书帖带走。配齐后的散书芯由传送辊 7 通过皮带传动运走。

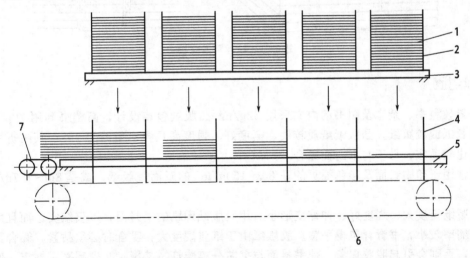

图 8-20 配页机工作原理

1—书帖；2—挡板；3—贮页台；4—拔书棍；5—机架；6—传送链条；7—传送辊

如果配页过程发生多帖、缺帖等故障，配页机的书帖检测装置会发出信号，由抛废书机构将废书抛出。当传送链条上发生乱页现象时，机器自动停机，并示出发生乱页的部位，以便操作人员进行及时的调整与维修。

3. 配页机的结构

辊式配页机由机架、贮页台、吸页分页机构、辊式叼页机构、传递链条、传动装置、气泵、书帖多帖或少帖的检测装置及收书装置组成。

辊式配页机按叼页主轴转一周所叼书帖的数量分为单叼辊式配页机和双叼辊式配页机。主轴转一周叼下一个书帖的配页机为单叼辊式配页机,叼下两个书帖的配页机为双叼辊式配页机。

单叼辊式配页机的叼页轮上装有一套叼页装置,叼页轮一般做变速运动。当叼页轮上的叼牙叼取书帖时,叼页轮旋转速度为零,即实现在静止状态下叼取贮页台底层的一个书帖。叼住书帖后,叼页轮加速旋转,转过约180°时将书帖放在传送链条的隔页板上。然后逐渐减速,当速度减为零时,又开始叼取下一个书帖。这种机构的配页机因在静止状态下叼取书帖,因而叼帖平稳可靠,配页质量较高,但结构较为复杂。

双叼辊式配页机叼页轮上对称地装有两套叼页装置,叼页轮做匀速转动。叼页轮每转一周,叼下两个书帖。这种机构的配页机配页速度高。因叼页装置结构对称,震动冲击较小。目前双叼辊式配页机应用更加广泛。

辊式配页机的主要机构有分页机构、叼页机构及检测装置等。

三、订书

把书芯的各个书帖应用各种方法牢固地订连起来,这一工艺过程称为订书。现代书刊订连方法有三眼订、缝纫订、铁丝订、骑马订、锁线订、无线胶粘装订和塑料线烫订胶粘装订。图 8-21 为铁丝订示意图。

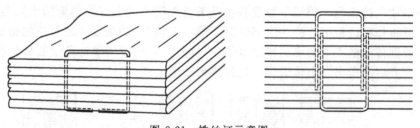

图 8-21 铁丝订示意图

四、包封面

一般教科书、杂志及图书的内文采用 $52g/m^2$ 凸版纸包装设计,高档书刊用 $70g/m^2$ 以上的铜版纸或胶版纸。凸版纸纸质较硬、挺度好、强度高且含水量约为 7%,其耐折度、吸湿性都比较适宜,易于与书封面黏合。

通常用于印刷封面及彩色插页的是 $80\sim150g/m^2$ 的双面胶版纸,或是 $80\sim157g/m^2$ 的铜版纸。

胶版纸挺度大、强度好、伸缩变形小。用胶版纸印刷的书封面,不仅结实,而且由于吸湿后收缩率较小,书脊背包得平整。胶版纸由于纸质硬度大,黏合时必须粘紧,黏合剂浓度要适宜,否则会引起脱胶现象,使书封面与书芯分离装订,裱糊时必须刮平、粘牢,使书壳不发翘、皱褶。

铜版纸吸水性小,书封面黏合时必须粘牢,裱糊时同样要用竹板刮平,或者用干布在书背处机构,趁着胶液未干,将书背擦拭平整,防止脱胶。

包封面时应注意以下几点。

①　书封面印刷覆膜之后，为了避免在包封面时出现歪斜、颠倒、错位的问题，可根据书刊的厚度在书背反面印上两道标注线条，书芯脊背涂胶后直接放在红线上，对准位置包封面，这样包出来的书封面比较端正。

②　包封面时要注意胶液的稀稠。若胶液太稀，水分过大，封面纸张吸水后伸缩变形，容易皱褶，影响平整。

③　印刷书封面时，注意纸张丝缕方向的选择。为了减少书背皱褶，最好将纸张丝缕方向与书背平行。

④　已包封面的书有的先烫背后切书，有的先切书再烫背。先烫后切是指当书背上的胶黏剂尚未完全干燥时在烫背机上加温加压，使其黏结牢固。但是，千万注意先烫后切的书一般要待完全干燥后再切书，否则书背受到切书压力作用，易引起书背不平、皱褶、破口等。先切后烫是指将包好的书在未干燥时先切成品再烫背，由于以后不再加压，书背较平服。

⑤　烫背机铁台板上的温度，要根据书刊厚薄而定。烫薄书时，温度在7℃左右；烫厚书时，温度可稍高一点。对于烫背时间，厚书需要1分钟多，薄书适当缩短时间。烫背时，热量首先接触到书封面，再传递到胶黏层，干燥后封面脊背部分失水、抗张强度降低、纸质变脆，此时若立即进行三面裁切，易造成书封面挤压破裂、皱褶。因此，对于先烫背后切的书，要求将书堆放一段时间，使封面纸张有一个重新吸收水分、恢复性能的过程。

包封面也叫包本，是指在订好的书芯上包上封面，成为平装书籍的毛本。经烫背、三面切书后，成为一本可供阅读的平装书籍。

1. 平装封面的包裹形式

平装封面的包裹形式有：平装包式封面、平装压槽包式封面、平装压槽裱背式封面、平装勒口包式封面和骑马订式封面。图 8-22 为平装封面的包裹形式。

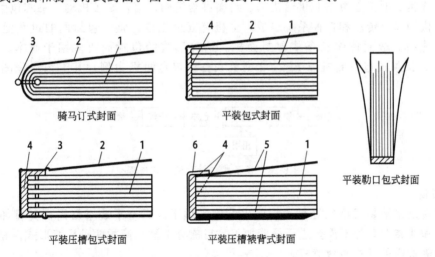

骑马订式封面　　　　平装包式封面　　　　平装勒口包式封面

平装压槽包式封面　　平装压槽裱背式封面

图 8-22　平装封面的包裹形式

1—书芯；2—封面；3—铁丝订脚；4—胶；5—封面封底；6—包条

2. 包封面机

包封面可以用包封面机或包本机完成。平装书芯包封面机能将缝纫订、铁丝平订、无线胶粘装订、锁线订等订制好的书芯包粘封面，然后供烫背、三面裁切等，加工成平装书籍。包封面机按机器的外形分为圆盘式和长条式两种类型。

（1）圆盘式包封面机

圆盘式包封面机以 YBF-103 型圆盘式包封面机为例，其特点是包封面的过程是在一个圆盘流水线上进行。它是由送书芯、夹紧、刷胶、上封面、包封整型、出书五个工位，两套包面系统组成，其工作过程如图 8-23 所示。这种形式的包封机多用于厚本单联本平装书籍的包封面工作。

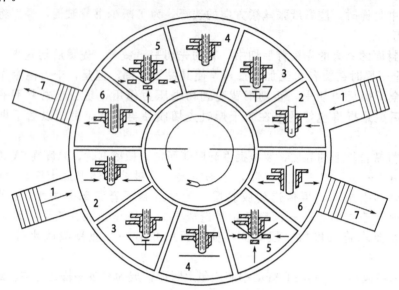

图 8-23　圆盘式包封面机工作过程示意图

1—送书芯；2—书芯夹紧；3—书芯刷胶；4—上封面；5—成型；6—放书；7—出书

（2）长条式包封面机

长条式包封面机是由书芯供给机构、封面供给机构、书背刷胶机构、书芯包面、整齐机构、出书机构以及传动和自控系统组成。全机有五个工位，整个包封面的过程是在长条形流水线上进行，故而称作长条式包封面机。这种形式的包封面机多用于薄本、双联本的包面工作。长条式包封面机以 BBZ-02 型单联自动包封面机为例，其工艺流程图如图 8-24 所示。

图 8-24　长条式包封面机工艺流程

3. 烫背

烫背就是将平装书籍包好封面后的书背烫平烘干。只有平装书籍需要烫背加工，骑马订、精装和线装书刊都不需要进行烫背加工。目前有平烫和滚烫两种烫背形式，相应的有平烫式和滚烫式两种形式的烫背机。

（1）平烫式烫背机

平烫式烫背机以 TB-01 型烫背机为例，图 8-25 为其烫背部分示意图。

（2）滚烫式烫背机

滚烫式烫背机以 GT-80 型自动烫背机为例，图 8-26 为其烫背部分示意图。

4. 切书

切书就是切去书刊三面毛边成为光本书册的操作过程。切书也包括对精装书芯半成品

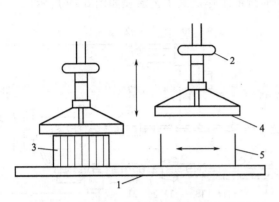

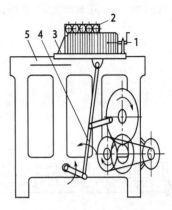

图 8-25　平装式烫背机烫背部分示意图

1—加热平台底板；2—调节轮；

3—书册；4—上压板；5—侧压板

图 8-26　滚烫式烫背机烫背部分示意图

1—书册；2—电热辊；

3—工作台；4—摇杆；5—机架

的裁切和双联本的断切。三面裁切的目的是使书刊的开本符合（关于图书、杂志开本及幅面尺寸）规定，便于阅读并使书刊具有整齐的外观。三面切书机的工作原理如图 8-27 所示。

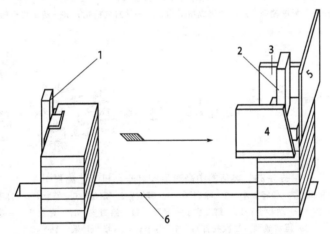

图 8-27　三面切书机的工作原理示意图

1—夹书器；2—压书器；3—左侧刀；4—右侧刀；5—前刀；6—递书滑道

第三节　平装联动线

装订联动线分为精装联动线、平装联动线，其中按照平装书芯的订连方法，平装书籍装订联动线可分为两大类：一类是胶订联动线，一类是骑马订联动线。

随着高分子化学的发展，书刊无线胶粘装订（简称无线胶订）工艺从 20 世纪 50 年代开始逐渐为人们所重视。特别是热熔胶的出现，更为胶订工艺的发展和推广创造了条件。目前，无线胶订工艺在书刊平装生产中占有重要地位。

一、典型胶订联动线

典型的胶订联动线平面布置如图 8-28 所示。以热熔胶作为黏结剂，能连续自动完成配页、书芯加工、包本成型和堆积出书等工序的全部工作。其工艺流程如图 8-29 所示。

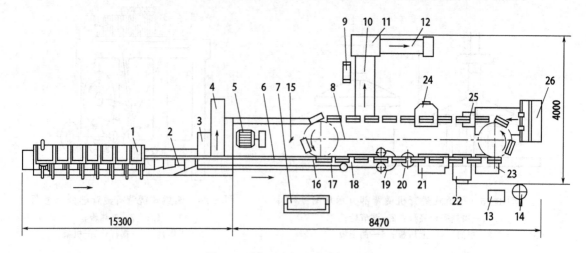

图 8-28　典型胶订生产线平面布置

1—配页机；2—翻转立本；3—除废书；4—出书芯；5—主电机；6—交换链条；7,9—控制箱；
8—胶订机；10,12—传送带；11—堆积机；13—吸尘器；14—预热胶锅；15—计速表；16—进本机构；
17—夹书器；18—定位平台；19—铣背圆刀；20—打主刀；21—上书芯胶锅；22—贴纱卡机构；
23—上封皮胶锅；24—加压成型机构；25—贴封皮机构；26—给封皮机构

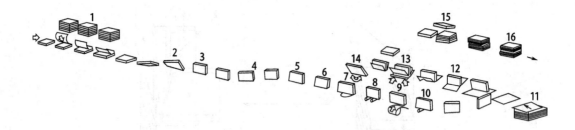

图 8-29　典型的中高速型胶订联动机工艺流程图

1—配页；2—翻转立本；3—除废页；4—爬坡；5—定位；6—铣背；7—打毛；
8—上书背胶；9—贴纱卡；10—第二次上书背胶；11—给封皮；12—贴封皮（一次托打）；
13—压实成型（二次托打）；14—落书；15—堆积计数；16—出书

工艺流程：配页→翻转立本→进本机构→夹书器→铣背→打毛→上书芯胶（贴纱布卡纸）→上封皮胶→上封皮→加压成型→计数堆积→出书。

目前的胶订联动线以速度来作产品的区分，速度在 4000～18000 本/小时的典型的中高速胶订联动线中，其生产线的功能配置均如上所述。自动化、质量控制的功能是现今产品的趋势，瑞士马天尼的联动线从亮马型（Pantera，速度 4000 本/小时）、精工型（Acoro，5000～7000 本/小时，图 8-30）、飞舞型（Bolero，9000 本/小时，图 8-31）和皇冠型（Corona，12000～18000 本/小时，图 8-32）等胶订连动线，均以中央触摸屏幕的控制方式，依书本尺寸厚度的不同，集中自动设定各设备单元的设定调整，促使设定调整能做到快速且精确，还能以最低的人力需求生产高质量的产品。

低速的无线胶订联动线则以人工喂入书芯的单人作业模式为主，如马天尼龙马型胶订机（1200 本/小时，图 8-33），书帖的配页能以人工完成后再喂入机器，经过铣背、上胶、上封面等动作后，完成黏有封面的半成品书本，再送到其他裁切设备进行裁切完成最后的书本产品。

图 8-30　马天尼精工型胶订机

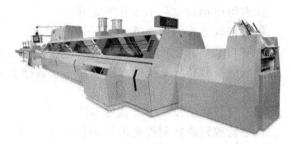

图 8-31　马天尼飞舞型胶订机

图 8-32　马天尼皇冠型胶订机

图 8-33　马天尼龙马型胶订机

二、胶粘订的质量标准与要求

① 书芯正文顺序正确，封面与书芯吻合，无串册现象。

② 铣背深度一致，保持在 1.5mm＋0.5mm，以能将最里面的页张粘住、粘牢为准，侧胶宽度为 3～7mm。

③ 包封面后，书背平直无皱褶，马蹄状岗线不超过 1mm；无油脏、破损、空泡、掉页、露胶底等现象。

④ 正确选用黏合剂，使用前必须预胶，用胶温度适当，胶层厚度为 0.6～1.2mm。

⑤ 机械粘封面时侧胶宽度为 3.0～7.0mm。

⑥ 粘封面应正确、平整、牢固。

⑦ 定型后的书册应书背平直，不粘坏封面，无折角。

⑧ 按时清理胶锅，预胶锅应每 3 个月清理一次，工作胶锅每两周清理一次。

三、胶订新趋势 PUR 熔胶

胶订新趋势是采用 PUR 熔胶，PUR 熔胶因为有黏结性能好、耐温性好、书本的平摊性能好、覆膜的透明度好、环保性强等特性，近年来在欧美先进国家均已广泛应用于书本的装订作业上。PUR 胶全称为单组分湿固化聚氨酯热熔胶，是一种反应型的预聚体。当其与空气或基材中的水分接触时，就会在一定时间内快速发生聚合交联反应。因为此熔胶特性，胶订联动线的设备和生产操作的模式将和传统热熔胶的模式稍有不同。

1. PUR 胶粘对装订机械要求

PUR 胶粘对装订机械要求有以下几方面。

① 无线胶粘订机械应有温度控制装置。

② 无线胶粘订机械应有封闭式预熔胶装置和滚轮式上胶装置或封闭式挤出装置。

③ 有可电动调整的书本整平装置。

④ 有精确、有力的夹具。

⑤ 有自动化调整程度较高、生产过程稳定的机器。

⑥ 有能有效拉出纸张纤维以增加熔胶黏覆面积的书背准备刀具，如纤维处理刀。

⑦ 有可确实清洁书背的毛刷装置。

⑧ 书背胶锅上胶轮的可调整幅度必须以 0.1mm 为级距，可细微调整所需的上胶厚度。

⑨ 书背胶锅逆转刮胶轮的可调整幅度必须以 0.1mm 为级距，可细微调整所需的上胶厚度。

⑩ 熔胶温度的控制幅度以 1℃ 为级距，可精确控制 PUR 熔胶的温度。

⑪ 胶锅必须有特殊涂层处理，以避免 PUR 熔胶的沾黏。

⑫ 避免溢出的熔胶污损如托打、躺平单元、输送带、三面刀等装置，书背上胶和书边上胶装置都必须要有切胶的功能。

⑬ 在 PUR 熔胶黏合后进行联机裁切书本时，要有足够长度的输送带让书本初步干燥。

⑭ 若有热熔胶和 PUR 胶装订工作交替生产的状况，建议安装带有排气装置的胶锅预热工作站，以节省熔胶加热的等待时间。

2. PUR 胶粘装订工艺要求

① 书帖折缝应不跑空。

② 折后书帖应闯齐、捆平。

③ 书帖进入书夹内，应保证书册平齐，无大于 0.2mm 的缩帖。

④ 铣背平整，且需要把纸张纤维有效拉出。

⑤ 书背涂胶应均匀一致，书背胶层厚度应为 0.2～0.3mm。

⑥ 边胶宽度建议为 3.0mm，以避免书背上的 PUR 熔胶和边胶胶锅内的热熔胶接触而影响热熔胶质量。边胶上胶盘和书背要有一定的距离。

⑦ 粘封面应在 PUR 熔胶的开放时间内完成，应压书脊和侧胶痕。

四、骑马订联动线

骑马订工艺是书刊装订形式之一，因订书时要跨骑在订书架上而得名。骑马订的书帖采用套帖配页，配帖时，将折好的书帖从中间一帖开始依次搭在订书机工作台的三角形支架上，最后将封面套在最上面。订书时，用铁丝从书刊的书脊折缝外面穿进里面，并被弯脚订本，通过三面裁切即成为可供阅读的书刊。

骑马订是一种较简单的订书方法，工艺流程短，出书速度快；用铁丝穿订，用料少，成本低；书本容易开合，翻阅方便；但在使用过程中封面易从铁丝订连处脱落，不易保存。所以，骑马订装订方法常用于装订保存时间比较短的杂志和小册子之类的书籍。又因骑马订采用套帖法，产品的厚度受到一定限制，一般最多只能装订 100 页左右的书刊。

全自动骑马订书联动机是一种多工序的联动化装订机械，用铁丝装订各种画报、杂志等，用途广泛，生产效率高。

1. 典型骑马订书联动机

霹雳马 "Primera" 130 型铁丝骑马订书联动生产线是瑞士马蒂尼公司生产的骑马订生产线，该机主要用于装订厚度在 6mm 以内的杂志和小册子等。由搭页（配页）、骑马订、三面裁切机构组成，并带有质量检测控制、废页剔除、成品堆积计数和安全装置等。该机最大的特点是采用积木式组合，可以根据不同情况，在上述的组成基础上再加上堆积机、包装机、插页机等组成新的多种形式的装订联动线，适应用户的各种需要。图 8-34 为马天尼霹雳马"Primera"130 型铁丝骑马订书联动生产线。

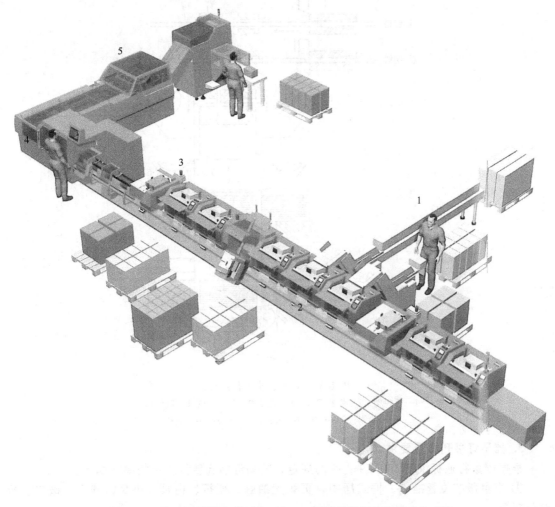

图 8-34 马天尼霹雳马"Primera"130 型铁丝骑马订书联动生产线
1—自动输送书帖；2—配帖输送带；3—配封面；4—订书；5—三面切书

2. 骑马订书机头的工作过程

骑马订书机头的工作过程分为五个工序，即送料、切料、做钉、订书和紧钩，如图8-35所示。

① 送料：铁丝从穿丝嘴穿入，经铁丝导规从切料刃轴的孔中穿出，进入成形钩的缺口中。

② 切料：当铁丝到达一定位置时，咬丝钩 5 与成形钩 3 一起把铁丝咬住，切料刀片将铁丝切断待用。

③ 成形：成形也称做钉，边刀滑板带着两个边刀 6 沿成形钩 3 两端下移，将铁丝挤压成订书钉的形状。

④ 订书：在边刀下移的同时，中刀滑板带着中刀 7 也向下移动，在边刀做成钉时，中刀随即把书钉订入书册。

⑤ 紧钩：当中刀压着书钉订入书册后，弯脚 8 在顶杆 9 的作用下向上移动，将穿过书

册的两个钉脚压平、压紧，完成全部的订书过程。

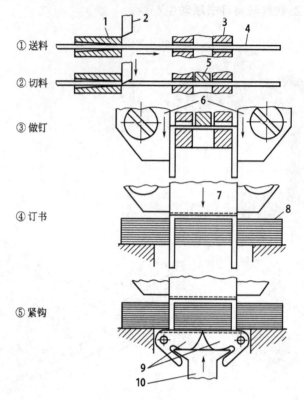

图 8-35　订书机头工作过程

1—切料轴；2—切料刀片；3—成形钩；4—铁丝；5—咬丝钩；
6—边刀；7—中刀；8—书帖；9—弯脚；10—顶杆

3. 骑马订书刊质量要求

根据国家行业标准 CY/T 29—99 的规定，骑马订书刊装订质量的要求如下。

① 书页版芯位置准确、框式居中，页张无油脏、死折、白页、小页、残页、破口、折角等现象。

② 配帖应正确、整齐。

③ 订位为钉锯外钉眼距书芯长上下各 1/4 处，允许误差 ±3.0mm。

④ 钉锯钉在折缝线上，无坏钉、漏钉又重钉现象，钉脚平直、牢固。

⑤ 成品尺寸应符合 GB/T 788—99 的规定，非标准尺寸按合同要求。

⑥ 成品外观整洁、无压痕。成品裁切后无严重刀花，无连刀页，无严重破头。成品裁切歪斜误差 ≤1.5mm。

第四节　精装联动线

精装联动生产线是利用机械动作，将订锁后（无线不订锁）需加工的半成品书芯经过各种造型和装饰加工制成的生产线。全生产线由十多个单机组成。精装联动生产线目前在我国使用的大部分是进口设备，这些联动生产线虽型号各有不同，但工艺原理、操作过程与要求是基本相同的。全线机械加工代替手工操作的十多个工序，大大减轻了工人劳动强度，提高了生产效率。

一、精装联动生产线工艺流程

精装联动生产线一般工艺流程：供书芯→书芯压平→刷胶烘干→书芯压紧→书芯堆积→切书→扒圆起脊→贴背→上书壳→压槽成型。

半成品书芯供给→第一次压平操作及要求→刷胶烘干定型操作及要求→第二次压平操作及要求→书芯自堆积操作及要求→自动三面切书操作及要求→夹书签丝带机操作及要求→扒圆起脊操作及要求→第二次刷胶操作及要求→粘贴纱布操作及要求→粘贴堵头布与书脊纸操作及要求→套壳机扫衬套合操作及要求→压沟成型操作及要求→翻转堆积加工操作。

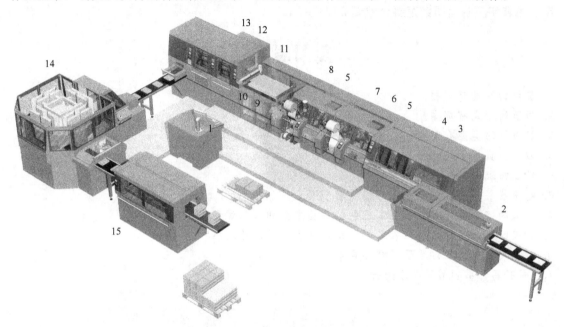

图 8-36　马天尼钻石型精装书联动生产线
1—控制台；2—预加热；3—扒圆；4—起脊；5—书背上胶；6—丝带上胶；
7—上纱布；8—贴堵头布；9—热熔胶书背槽上胶；10—供书芯；
11—书壳分离；12—书壳打圆；13—上书壳；14—书脊槽成型；15—堆叠

最新科技的精装书联动生产线也是以其自动化程度来号召。马天尼最新的动作科技（MC Technology）技术，在各个关键部位采用自动马达控制，能针对产品的尺寸厚薄按其尽寸动作自动进行调整。使用此技术，不仅能在短时间内完成尺寸设定的切换，对加工程序的动作控制也能加以优化，或将能量重复使用，因此也是最节能、最环保的机器。马天尼钻石型精装书联动生产线如图 8-36 所示。

二、精装书刊装订质量要求

精装书刊装订质量应全面达到行业标准 CY/T7 的相关要求，其成品外观质量应达到以下要求。

① 书壳与书芯套粘平正，平放时书壳的中径纸板与书芯背无视观空隙，三面飘口宽度相对误差为±1.0mm。

② 方背书背平直，圆背书背的圆势在 90°～130°之间，书脊平直且其高度与书壳表面一致。

③ 书槽视观平直，宽窄、深浅一致。

④ 纱布、内封与书壳内表面粘连牢固、平实、无空泡，胶黏剂使用得当，着胶均匀、不花、不溢。

⑤ 书壳无视观曲翘，书背无视观歪斜。

⑥ 成品外观平整洁净，无脏污。

⑦ 成品护封裁切尺寸误差符合 CY/T 7.9 的要求。护封勒口的折边至书背尺寸的误差为 ±1.0mm。

⑧ 护封覆膜按 CY/T 7.7 的质量要求。

⑨ 书背烫印按 CY/T 7.8 的质量要求。成品书背字居中，书背字不超出书背面，封面字、书背字及封面图案歪斜允差 $\leqslant$ 3.5%。

复习思考题

1. 装订的种类有哪些？
2. 折页的方式有哪些？
3. 折页机的类型有哪些？
4. 刀式折页机常见故障是什么？
5. 什么叫配页？包括哪几部分？
6. 对平装书刊的装订质量有哪些要求？
7. 平装的概念是什么？平装工艺包括哪些主要的工艺过程？
8. 精装的概念是什么？精装工艺包括哪些主要的工艺过程？
9. 对精装书刊的装订质量有哪些要求？
10. 对骑马订书刊质量要求是什么？

参考文献

[1] 魏瑞玲. 印后原理与工艺. 北京：印刷工业出版社，1999.

[2] 金银河. 印后加工. 北京：化学工业出版社，2001.

[3] 曹华，曹园. 最新印刷品表面整饰技术. 北京：化学工业出版社，2004.

[4] 钱军浩. 印后加工技术. 北京：化学工业出版社，2003.

[5] 马静君. 印后加工工艺及设备. 北京：印刷工业出版社，2010.

[6] 潘杰. 印刷机原理与结构. 第2版. 北京：化学工业出版社，2010.

[7] 唐万有，蔡圣燕. 印后加工技术. 北京：中国轻工业出版社，2001.

[8] Handbook of Print Media. Helmut Kipphan. Berlin：Springer，2001.